互联网+珠宝系列教材

珠宝首饰搭配美学教程

ZHUBAO SHOUSHI DAPEI MEIXUE JIAOCHENG

赵 帏 编著

图书在版编目(CIP)数据

珠宝首饰搭配美学教程/赵帏编著. —武汉:中国地质大学出版社,2022.7(2023.9 重印)
ISBN 978-7-5625-5323-6

Ⅰ.①珠…
Ⅱ.①赵…
Ⅲ.①首饰-服饰美学-教材
Ⅳ.①TS941.11

中国版本图书馆 CIP 数据核字(2022)第 121878 号

珠宝首饰搭配美学教程		**赵 帏 编 著**
责任编辑:龙昭月	选题策划:张 琰 龙昭月	责任校对:张咏梅
出版发行:中国地质大学出版社(武汉市洪山区鲁磨路 388 号)		邮政编码:430074
电 话:(027)67883511	传 真:(027)67883580	E-mail:cbb@cug.edu.cn
经 销:全国新华书店		http://cugp.cug.edu.cn
开本:787 毫米×1092 毫米 1/16		字数:159 千字 印张:7.5
版次:2022 年 7 月第 1 版		印次:2023 年 9 月第 2 次印刷
印刷:武汉中远印务有限公司		
ISBN 978-7-5625-5323-6		定价:48.00 元

从古代开始，首饰就成为了人们生活中不可或缺的一部分，是人类文明历史星河中的一颗璀璨之星。远古时期，首饰不仅具有装饰作用，还是身份地位与财富的象征，很多时候还被用来驱魔辟邪、表达宗教崇拜和用作生活器具。到了现代，它不仅仅可以装饰人们的外表，还可以丰富人们的精神生活。

受历史、社会发展水平、民族风俗习惯和人们审美要求等多种因素影响，珠宝首饰在佩戴过程中有着诸多约定俗成的规则。首饰佩戴得体能锦上添花，首饰佩戴不得体有可能会失礼。如何运用美学原理，结合历史文化内涵和搭配技巧让首饰和佩戴者相得益彰，是我们需要探究的问题。

近些年，我国珠宝首饰行业发展迅猛。随着人们生活水平的提高，人们对首饰的需求也进一步细化，不同人的审美不同，生活环境不一样，五官、体形、个人风格也不同，因此对首饰的偏好不同，适配性也不同。为了进一步分析不同人对珠宝首饰的不同偏好及适合的珠宝首饰类型，笔者编撰了《珠宝首饰搭配美学教程》一书。本书紧紧围绕“首饰搭配”这个主题，介绍了首饰的定义及分类、首饰的形色质、视错觉与首饰搭配、首饰佩戴方法和首饰材质选择与保养五个方面的内容，以供职业教育珠宝首饰专业的学生、同仁及关心珠宝首饰行业发展、喜爱珠宝首饰的读者参考。

珠宝首饰搭配是一个综合的研究领域，具有明显的艺术、人文和科学相互交叉渗透的特点，可以为设计、市场营销、形象造型等方向服务。因此，笔者的研究与认识仅仅是初步的，还有一些问题值得进一步探索和研究。书中存在遗漏在所难免，竭诚欢迎专家和读者批评指正，以便后续的修改和完善。

这本书的问世，得到了许多师长、同事的大力支持和帮助。特别是深圳市博伦职业技术学校珠宝专业部主任蔡善武老师和粤豪珠宝有限公司林荣洲老师给予了我积极的支持和鼓励。深圳市珠宝学校的各位领导和同事给我提出了很多有益的建议，并提供了很多资料，使本书增色不少，在此一并表示衷心的感谢。

赵伟

2021年10月

目录

模块一　首饰的定义及分类

重点：了解首饰的定义；
首饰如何进行分类。
难点：首饰分类方法。

项目一　首饰的定义

一、狭义概念的首饰

从狭义上讲，首饰是指用贵金属材料、天然珠宝玉石材料制作的工艺精良并以个人装饰为主要目的的饰品。

关键词拓展

狭义概念的首饰关键词包含哪些内容？
贵金属
天然珠宝玉石
工艺精良
个人装饰

贵重的珠宝

二、广义概念的首饰

从广义上讲，首饰是指用各种材料制作的、用于个人装饰及其相关环境装饰的物品。广义首饰包含了狭义首饰、摆件等。

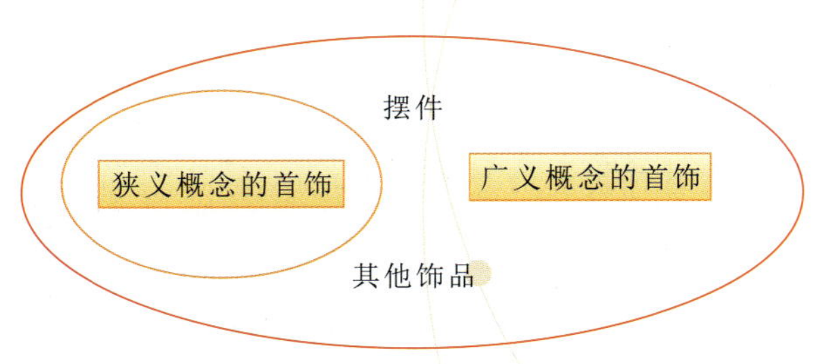

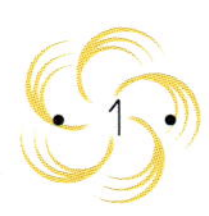

关键词拓展

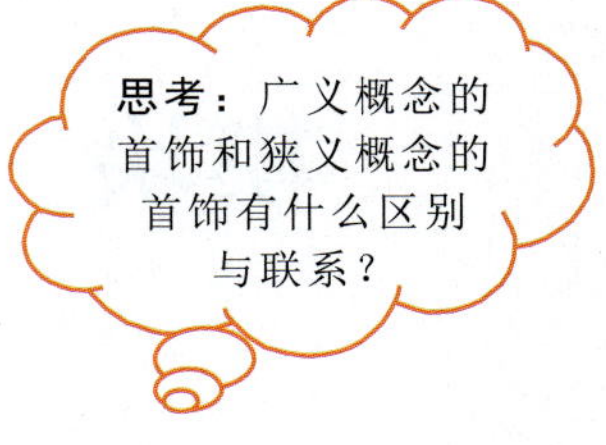

广义概念的首饰关键词包含哪些内容？

各种材料

个人装饰及其相关环境装饰

珍珠镶嵌戒指

珐琅戒指

彩金吊坠

（粤豪珠宝　提供）

小活动

在微博上新建一个首饰的学习讨论组，根据所学内容设立主题，并与同学们进行交流。本期主题：在网络上找一张首饰的图片，分析它是狭义的首饰还是广义的首饰。

小测试

一、判断题

1. 广义的首饰可以包括狭义的首饰。（　　）
2. 塑料、陶瓷、木材属于狭义的首饰。（　　）
3. 广义的首饰制作工艺一定是非常精细的。（　　）
4. 狭义的首饰一般是用于装饰人体。（　　）
5. 翡翠摆件属于狭义的首饰。（　　）

二、选择题

1. 下列属于狭义概念的首饰内容的是（　　）。

A. 贵金属　　B. 塑料　　C. 天然珠宝玉石　　D. 贝壳

2. 下列属于广义概念的首饰内容的是（　　）。

A. 铁　　B. 黄金　　C. 钻石　　D. 翡翠

项目二 首饰的起源

讨论：人类的祖先最早是在极其恶劣的自然环境中生存、繁衍的。在这样恶劣环境下生存的原始人，为什么还要花精力去制作那些古朴的首饰呢？

一、实用需要

旧石器时代的人体装饰品大多都与生产劳动有着密切的联系，很多都具有实用功能。例如，山顶洞人项链中的兽牙兽角可以用来采集食物，头发上插戴的钻孔骨针和骨锥可以用于缝纫衣服、剥取兽皮，而随身携带的石斧可以用于挖掘和砍砸（郭新，2009）。这些都是首饰的最初形式，是装饰品演变的起点。

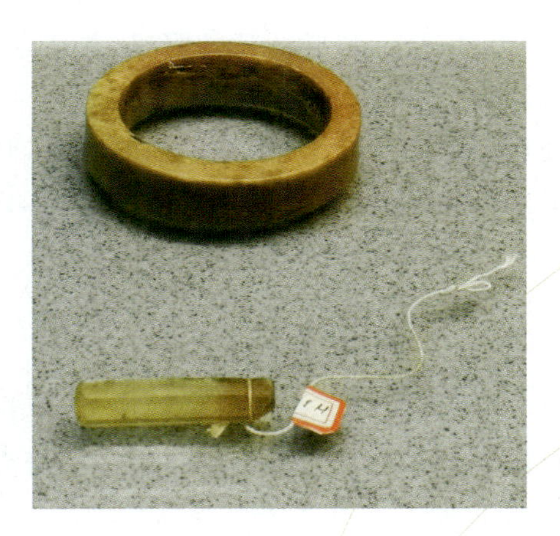

原始社会首饰之玉手镯（左）、水晶饰品（右）

（拍摄 赵帏；深圳博物馆）

二、生存需要

在原始社会，人类在同大自然抗争的过程中，为了使自己免于猛兽的伤害，常常把兽皮、犄角等佩挂在自己的头上、胳膊上、手腕上或脚上，一方面是为了把自己扮成猎物的同类迷惑对方，另一方面是这些兽皮或犄角本身就是一种防御或攻击的武器。至于那些挂在脖子、腰或手腕上的石头、动物骨头或兽齿，除了是人类最早无意识的装饰行为外，其真正的作用恐怕还是计数或记事（珂兰，2015）。

原始先民的生活场景

原始越人出征场景

（拍摄　赵帏；深圳博物馆）

三、力量象征

在原始人看来，猛兽之所以充满着力量，其锋利的爪牙、坚硬的骨骼及美丽的皮毛必定起了重要作用。于是，原始人在捕获这些猛兽之后，就将其骨头、牙齿等串成串佩戴在身体上，认为这样可以汲取猛兽的力量，从而战胜凶猛的野兽，并从这些原始的首饰中得到某种精神的慰藉与力量（珂兰，2015）。

这些勇敢者往往喜欢使用一些鲜艳夺目、便于识别的物品，并将它们装饰在身上，如美丽的羽毛、尖锐的牙齿、罕见的贝壳乃至贵重的“美石”（玉石）等，以彰显自己的权威、力量。

四、图腾崇拜

日月星辰、风雨雷电……这些原本都是普通的自然现象，但在原始人看来，都具有某种神奇的力量。原始人与大自然朝夕相处，与太阳、月亮、星星、河流及飞禽走兽相伴，他们非常崇拜这些存在于自然界中的事物。

久而久之，这些事物的形态深深地印在了他们的脑海中，并成为了具有神奇力量的图腾。他们或者把它们视为自己的祖先或者保护神，或者把它们看作是本氏族、本部落的血缘亲属而加以膜拜，甚至把这些图腾融入他们的首饰。

宗教在原始人的生活中占有重要的地位，人们通过佩戴由兽角、皮毛、金属等制成的饰品来表达图腾崇拜，完成宗教仪式。这些宗教色彩浓郁的饰品在原始人的生活中成为不可或缺的重要部分（郭新，2009）。

五、护身符

原始人相信万物都有灵魂，而且灵魂有善恶之分：给人类带来幸福和欢乐的是善灵，带

来灾难和疾病的是恶灵。为了不使那些恶灵近身并得到善灵的保护，原始人便用绳子把贝壳、石头、羽毛、兽齿、树叶和果实等物品串起来并佩戴在身上。他们相信，这些物品具有一种人眼看不见的超自然力量，佩戴它们就能得到保佑，恶灵就会被驱散。这些起保护和驱邪作用的物品后来就以某种装饰品的形式被佩戴在人体上，成了一种专门的首饰。这种习俗也被保留下来，首饰慢慢地也被人们赋予了更多美好的寄托和神秘的色彩（郭新，2009）。

六、美饰自身

在人类进化过程中，随着嗅觉敏锐程度的逐渐减退与视觉敏锐程度的逐渐增强，人们对于形象、色彩、光的感受能力越来越敏锐，审美能力逐渐提高。原始首饰的出现，正是出于人类这种审美的需要。

这种审美需要也不可避免地与吸引异性的目的交织在一起。这一阶段是由实用到审美的过渡阶段。在这一阶段中，首饰实现了由便携工具到宗教符号再到审美功能的转变（潘杨，2017）。

山顶洞人的项链

随着生产力的提高，经济关系和社会结构发生了变化。这时人们不仅从审美上要求首饰工艺进步、图案造型精美，而且对首饰的数量和材质都提出了较高的要求。饰品种类和数量大大增加，宝玉石饰品大量出现，并成为财富和社会地位的重要象征。

讨论：在原始社会时期，人们常用的首饰材料有哪些？为什么会是这些材料呢？

小测试

一、判断题

1. 古代首饰和头面是同义词，都是指头上的装饰品。（　　）
2. 原始社会首饰起源于实用需求，被作为工具使用。（　　）
3. 世界上最早的首饰是河姆渡的项链，距今4万年。（　　）
4. 玛瑙、珍珠、绿松石、玉石在原始社会就被运用在首饰中。（　　）
5. 玉器、宝石、贵金属的出现，使首饰成为财富和社会地位的重要象征。（　　）

二、选择题

1. 原始社会首饰最常见材料有（　　）。

A. 石头　　B. 骨　　C. 牙　　D. 贝壳

E. 贵金属　　F. 玉石　　G. 珍珠

2. 首饰起源有（　　）。

A. 实用需求　　B. 图腾和宗教　　C. 审美需求　　D. 力量和护身符

E. 彰显财富、地位、权威

3. 下列可以反映出原始人有审美意识的是（　　）。

A. 染红的项链　　B. 具对称性和重复性的项链　　C. 圆形的石头　　D. 刻沟纹样

项目三　首饰的分类

目前，首饰分类的标准很多，常见的分类方法有以下几种。

一、按材质分类

1. 金属首饰

金属首饰：以金(Au)、银(Ag)、铂(Pt)、钯(Pd)及各种其他金属合成材料制作的首饰。

黄金吊坠

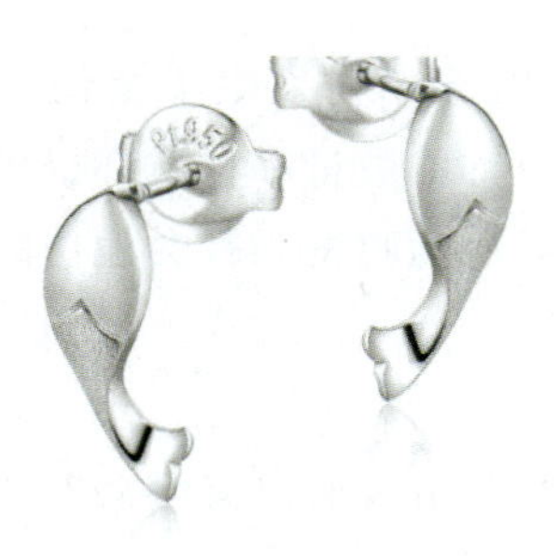

铂金耳钉

K金手镯

（粤豪珠宝　提供）

2. 非金属首饰

非金属首饰:用各种非金属材料制作的首饰。

(1)宝玉石材料:钻石、祖母绿、翡翠、珍珠等。

(2)非宝玉石材料:玻璃、贝壳、丝绸、木器、瓷器、珐琅、塑料等。

翡翠挂件

和田玉吊坠

陶瓷吊坠

(粤豪珠宝　提供)

二、按工艺手段分类

1. 镶嵌宝玉石首饰

镶嵌宝玉石首饰:用爪镶、包镶等各种方法将宝石、玉石等材料固定在首饰上。一般镶嵌基材为金属,例如金、银、铂等。

2. 非镶嵌首饰

非镶嵌首饰(纯金属首饰):利用金属材料直接制作的首饰。

3. 特殊工艺首饰

特殊工艺首饰:利用特殊工艺制成的首饰。其工艺包括金珠粒工艺、木纹金工艺、珐琅工艺、花丝工艺、点翠工艺、蚀刻工艺、金属编织工艺等。

金属编织吊坠

花丝工艺吊坠

珐琅花丝吊坠

(粤豪珠宝　提供)

相关工艺介绍

金珠粒工艺是将液态的金属滴入水中，形成大小不一的金属珠粒，再将极细小的金珠通过焊接形成特定图案的工艺。

蚀刻工艺是使用强酸性的溶液腐蚀金属表面，使金属表面形成特殊纹理或图案的工艺。

珐琅工艺是一种在金属胎体表面施以各色釉料的金属装饰工艺。不同色彩的釉料烧结后，金属胎体表面会形成一种富有光泽、色彩艳丽的玻璃质表层，装饰效果极强。

三、按设计目的分类

1. 商业类首饰

商业类首饰，顾名思义就是注重商业化利润的首饰。这种类型的首饰常常能被大多数人接受，符合大部分人的审美，能够按照目前的工艺和技术进行批量化的生产，价格适中，能适应市场消费需求及流行趋势。

2. 艺术类首饰

艺术类首饰通常不用考虑价格，使用的材料非常广泛，甚至常常用到塑料、陶瓷、铜、铁、铝等比较廉价的材料。首饰的主题常常是能够表达设计师情绪、情感或者用于纪念、叙述某些特别故事的人和事。例如，达利设计的嘴唇胸针用红宝石勾勒出“嘴唇”，用珍珠表示“牙齿”，魅惑醒目，独具一格，具有超现实主义风格。

珐琅花丝吊坠

珐琅花丝手镯

（粤豪珠宝　提供）

四、按佩戴者性别分类

1. 男性首饰

男性首饰，顾名思义就是专门为男士打造的首饰，以展示自我性格和提高自身品位为目的，囊括了除了服装以外的一切饰品，如眼镜、佩刀、袖扣、戒指、项链、手表等。

知识链接

男性首饰的特征：线条明快、粗犷，设计大方。

男性佩戴首饰的动机：①象征财富和地位；②彰显阳刚之气，表示独立个性；③取某种寓意；④仿效自己所崇拜的人。

男性皮革手镯

男性彩金手镯

（粤豪珠宝　提供）

2. 女性首饰

与男性首饰的区别比较明显，女性首饰大多设计比较精巧，造型美观，色彩鲜艳，光泽强。不同女性的穿衣风格不同，品位喜好不一样，佩戴的首饰也各不相同，有的雍容华贵，有的高雅脱俗，有的前卫时尚，有的含蓄内敛。

K 金耳坠

花丝吊坠

花丝项链

（粤豪珠宝　提供）

五、按首饰的用途分类

首饰按照用途可以分为实用性首饰、艺术性首饰、纪念性首饰、传统性首饰和寓意性首饰（徐耀华，2011）。

1. 实用性首饰

实用性首饰具有一定的功能性，如固定领带的领带夹、固定发型的发夹、固定披肩的胸针等。它们不是纯粹的装饰品，在穿衣搭配上具有实际的功能。

玛瑙镶嵌木梳

黄金发夹

黄金发冠

（粤豪珠宝　提供）

2. 艺术性首饰

艺术性首饰是指注重艺术审美的首饰。这类首饰商业化气息不浓，主要是作为艺术品和收藏品供人欣赏。

3. 纪念性首饰

纪念性首饰是为纪念一些具有特殊意义的事件（如成人仪式、婚礼等）或者人而创作的首饰，常见的有订婚戒指、结婚戒指等。它们既是必不可少的信物，也是纪念表征物。

龙凤双喜手镯

K 金情侣对戒

（粤豪珠宝　提供）

4. 传统性首饰

"心"形陶瓷吊坠

（粤豪珠宝　提供）

传统性首饰常常与某一特殊时代背景相联系，体现着特殊的风俗文化、人文内涵，以及某一地域、民族、宗教、家族的特征，例如苗族从古至今有"以钱为饰"的风俗习惯。

5. 寓意性首饰

与纪念性首饰一样，寓意性首饰具有特殊的精神内涵和寓意，大多运用一些符号化的图形或元素来寄托情感。例如，"心"形和汉字"爱"这两种元素在首饰中象征爱情，不同生辰石代表不同月份出生的人的幸运石，蝴蝶象征幸福，等等。

六、按佩戴部位分类

想一想：首饰的分类方法还有哪些？

根据首饰佩戴的位置，首饰可分为头饰、颈饰、胸腰饰、手足饰。

蜘蛛胸针（胸腰饰）

K 金皮带扣（胸腰饰）

（粤豪珠宝　提供）

银手镯（手足饰）

小测试

一、判断题

1. 现代的商业首饰需要批量化生产，不需要考虑外观和价格，利润大就可以。（　　）

2. 艺术性珠宝首饰就是不能批量化生产的一类首饰，不用考虑利润。（　　）

3. 男性首饰相对来说偏少，眼镜、钢笔、佩刀、名片盒、袖扣、手表等都可以归于男性首饰范围。（　　）

二、选择题

1. 下列是常见的首饰分类原则或方案的有(　　)。

A. 材料　B. 工艺手段　C. 佩戴者性别　D. 用途

E. 产地或国家　F. 设计目的　G. 宝石内包裹体多少　H. 佩戴位置

2. 首饰按工艺手段可以分为(　　)。

A. 镶嵌类首饰　B. 铸造首饰　C. 特殊工艺首饰　D. 玉雕类首饰

E. 非镶嵌类首饰　F. 塑料合金类饰品

3. 下列属于特殊工艺首饰的有(　　)。

A. 花丝工艺　B. 点翠工艺　C. 木纹金工艺　D. 珐琅工艺

E. 金珠粒工艺　F. 镶嵌工艺

4. 男性首饰的特征有(　　)。

A. 线条明快、粗犷，设计大方　B. 突出材料价值　C. 色彩艳丽，富有变化

5. 下列属于寓意性首饰的有(　　)。

A. 心形元素首饰　B. 生辰石　C. 十二生肖　D. 龙、凤等元素的玉雕首饰

项目四　首饰的功能

讨论：原始人生存条件恶劣，为什么还是会佩戴各种首饰？

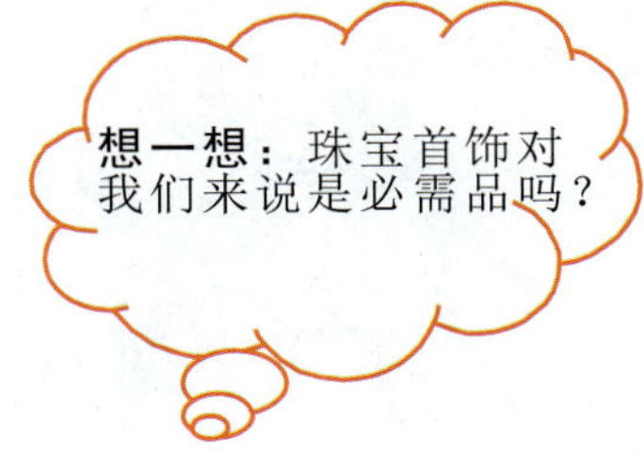

知识链接

根据马斯洛需求层次理论，珠宝属于自我实现，是人的高层次需求，也就是说，珠宝对处于温饱阶段的人来说并非生活必需品。

马斯洛理论之需求金字塔

一、装饰功能

首饰的装饰功能体现在以下几个方面。

(1)装点：达到更好的视觉效果。

(2)掩饰：减弱或消除缺陷。

(3)衬托：借助首饰的造型和色调去反衬或烘托人的面容、仪态。

佩戴翡翠套件的女士

佩戴黄金套件的女士

（粤豪珠宝　提供）

二、使用功能

首饰的使用功能体现在以下几个方面。

(1)表征功能：作为社会地位、身份、财富的表征物。

(2)实用功能：如首饰发夹、领带夹、纽扣、戒指表、戒指体温计、项坠表、香水项坠等。

(3)馈赠功能与纪念功能。

三、保值功能

有些首饰使用大克拉、高品质的宝玉石材料，稀少而珍贵，它们的价值必增无疑。还有些首饰虽然材料一般，但是依靠艺术大师或者能工巧匠的巧妙设计和鬼斧神工，独一无二或者别具匠心，属于收藏品或者艺术品。这些首饰也具有比较高的附加值，具有一定的保值性。

共和国勋章

（图片来源：新华网）

足金项链

翡翠镶嵌项链

和田玉吊坠

（粤豪珠宝　提供）

四、保健功能

首饰的保健功能包含两个方面的含义。一是首饰材料在药物学中常常被作为药剂制品的部分原材料，具有一定的药用价值。如珍珠富含氨基酸，珍珠粉末具有解毒明目、清热安神的作用，还可以用于制作护肤品，美白淡斑，增加皮肤的光泽。又如琥珀自古以来就是中医中的药材，有镇静安神、利尿的作用。二是利用首饰对人体的经络穴位进行按摩可以起到保健作用，如朱砂手串。

珍珠

琥珀

朱砂手串

（粤豪珠宝　提供）

五、其他功能

首饰的其他功能是指首饰与高科技结合后所具备的衍生功能。

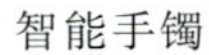

智能手镯

智能戒指

小测试

一、判断题

1. 现代的首饰的作用主要是装饰和保值，没有使用功能。 (　　)

2. 有的首饰材料有药用价值，对身体有益，有的还具有按摩和促进血液循环的作用。 (　　)

3. 珠宝首饰与生俱来就有保值功能，所以不论什么时候买都是可以增值的。 (　　)

二、选择题

1. 常见的首饰的功能有(　　)。

A. 装饰　　B. 使用　　C. 保值　　D. 保健

2. 首饰通过(　　)提升形象。

A. 装饰　　B. 掩饰缺陷　　C. 烘托

3. 下列属于有实用功能的首饰有(　　)。

A. 发夹　　B. 领带夹　　C. 纽扣　　D. 香水项坠

E. 项坠表　　F. 戒指体温计

4. 下列首饰中，具有表征功能的是(　　)。

A. 金羊毛勋章　　B. 生辰石　　C. 纪念徽章

5. 下列具有保值功能的首饰是(　　)。

A. 10～50pt 的钻石　　B. 大克拉、级别高的钻石

C. 大克拉、净度高的红宝石　　D. 玻璃种、满绿的翡翠

E. K 金

模块二　首饰的形、色、质

本模块主要介绍首饰的造型、色彩和材质，从视觉感官上感受首饰的冷与暖、轻与重、收缩与扩张。

项目一　了解色彩

一、三原色

在标准色中，红、黄、蓝三种颜色被称为三原色，将它们按一定比例混合可以产生其他颜色，而它们却无法由其他颜色调配出来。

红、黄、蓝三原色

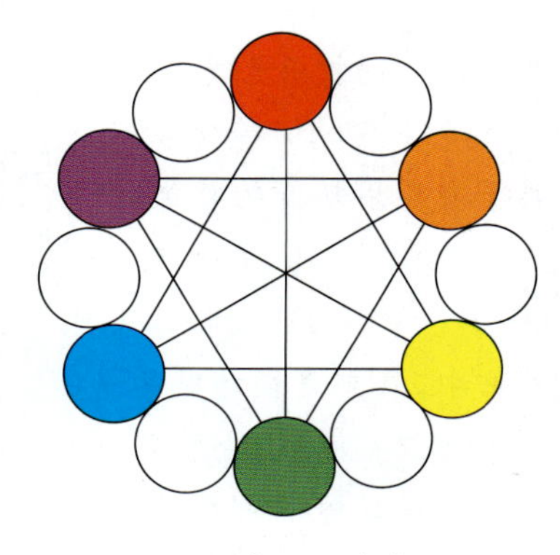
三原色和二次色

二、二次色

二次色又称为“间色”，是由三原色中的任意两种按不同比例调配而成的色相。不同的比例可以调制出不同的二次色（祝国瑞，2004），如红和黄合成橘色，黄和蓝合成绿色，蓝与红合成紫色等。

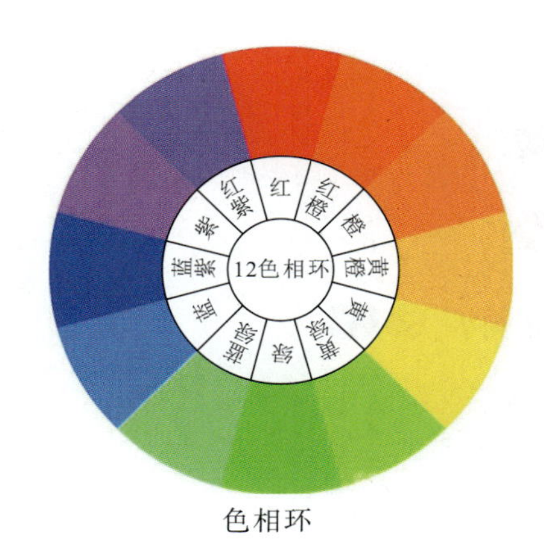

色相环

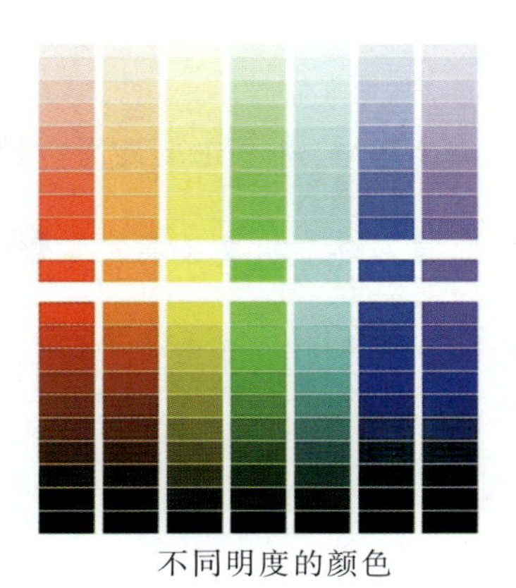

不同明度的颜色

三、色彩的三要素

色彩的三要素是指色彩的三种属性，即明度、色相和纯度，这是每一种颜色都有的基本属性。颜色不同，明度、色相、纯度各不相同。

明度是指色彩的明暗程度，明度不同，深浅度不一样，可以表现出同一颜色丰富的层次感。

色相是指一种颜色区别于另一种颜色的特征，简单地说就是色彩的相貌。红色和绿色就是两个不同的色相。这是区分颜色的重要依据。

纯度是指色彩的鲜浊程度。纯度越高，颜色越鲜艳。通过加入白色、黑色、灰色，甚至是加入互补色，可以降低纯度，减弱颜色的鲜艳程度。

低纯度

中纯度

高纯度

讨论：色彩的三要素有哪些？它们之间有什么区别和联系？

1. 在右边的翡翠中，哪个纯度最高？

2. 右边的红宝石哪个明度最高？

3. 右边的刚玉从色彩的三要素上区分有哪些不同？

项目二　色彩与心理感觉

不同的色彩给人不同的联想，其象征意义也不同。客观存在的色彩因人们的感受而具有了生命力（黄元庆，2014）。

一、红色

红色作为三原色之一，为可见光谱中长波末端的颜色，具有膨胀、前进感，代表着吉祥、喜气、激情等。在大自然里，红色的珠宝玉石非常多，品相好、色彩浓艳的红色珠宝玉石十分受欢迎。常见的红色珠宝玉石有红宝石、尖晶石、石榴石、碧玺、红珊瑚、血珀、南红玛瑙、红纹石等。

红珊瑚项链

红色珐琅水果吊坠

红色珐琅元宝吊坠

（粤豪珠宝　提供）

知识链接

红珊瑚属有机宝石，与珍珠、琥珀并列为三大有机宝石，自古即被视为富贵祥瑞之物，是幸福与永恒的象征。

二、黄色

黄色明度高，可以形成尖锐感和扩张感。黄色象征智慧、光荣、忠诚、希望、喜悦、光明、华贵，常被认为是知性的象征。略深一点的黄色，亮丽且具有高贵之感。常见的黄色珠宝玉石有钻石、金绿宝石、黄色蓝宝石、黄水晶、黄色石榴石、托帕石、锆石、黄色锂辉石等。黄色的黄金饰品也深受广大消费者的喜爱。

黄色K金戒指

足金吊坠

（粤豪珠宝　提供）

三、绿色

绿色是优美的、抒情的，有使人神经放松的作用。绿色通常象征自然、成长、清新、希望、公平、和平、幸福。常见的绿色宝石有祖母绿等。

知识链接

右图中这顶祖母绿镶钻皇冠是德国多纳斯马克伯爵约于1900年为其第二任妻子特别定制的。王冠上有11颗罕见的水滴形祖母绿，是尚美巴黎历史上制作的最昂贵祖母绿钻冕。它在2011年的香港苏富比春季拍卖会上拍出7000万元人民币的天价，刷新了当时头饰拍卖的世界纪录。

德国多纳斯马克伯爵夫人的祖母绿钻冕

绿色彩金戒指

孔雀绿耳钉

（粤豪珠宝　提供）

四、蓝色

蓝色是一种收缩、内敛的颜色。偏粉的蓝色，清新雅致；偏暗色调的灰蓝色则显沉着，易与其他颜色搭配。蓝色象征自信、永恒、真理、真实、沉默、冷静，是不少人都喜欢的颜色，像天空也像海洋，广阔而安宁。蓝色珠宝玉石在珠宝界也是备受追捧，如蓝钻石、蓝宝石、坦桑石、海蓝宝石、碧玺、尖晶石、托帕石、锆石、堇青石、天河石等。

蓝色彩金吊坠

蓝色彩金耳坠

海蓝宝石耳坠

（粤豪珠宝　提供）

讨论：蓝色宝石（如蓝钻石、蓝宝石、坦桑石、海蓝宝石、碧玺）虽然都是统一色系，但是能从颜色上将它们区分开吗？

五、紫色

紫色象征权威、尊敬、高贵、优雅、信仰、孤独。一般较暗的紫色是消极的色彩，较淡的紫

色有优雅、魅力的内涵，青紫色则象征着真诚的爱。常见的紫色宝石有紫晶、紫色蓝宝石、萤石、方柱石、尖晶石、紫锂辉石、紫碧玺、堇青石、塔菲石等。

紫色苏纪石吊坠

紫色彩金手链

紫色彩金戒指

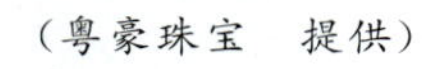

（粤豪珠宝　提供）

六、黑色

黑色象征神秘、寂寞、黑暗、压力、严肃、气势，是礼服的常用色。常见的黑色宝石有黑碧玺、黑玛瑙、黑曜石、黑水晶、黑发晶、黑锆石等。

黑色皮革手镯

黑色皮革手环

（粤豪珠宝　提供）

讨论：在西方首饰史中，有一类黑色系列首饰有很重要的意义，它们与哪些历史故事有关呢？

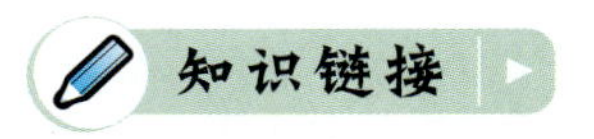

悼念首饰

悼念首饰最早可以追溯到中世纪。在17世纪的欧洲，战争频发，瘟疫蔓延，到处弥漫着

死亡的气息，悼念首饰便是在此时出现的。它常用的元素有骷髅、棺椁等，常见的材料除了黄金和宝石外，还有黑玉、玛瑙、玳瑁等，这种风气在维多利亚时期达到了顶峰。

七、白色

白色不会过分刺激，也不会太低调。白色最容易使人联想到雪，引人注目，白色亦显得单调空虚。白色还有不容侵犯的个性，容不得他色沾染。白色适用于任何年龄的人、任何种类的服装。常见的白色宝石有钻石、水晶、托帕石。

白色珐琅吊坠

钻石项链

钻石吊坠

（粤豪珠宝　提供）

八、金色、银色

金色、银色是具有金属光泽的颜色，光泽强，非常醒目。金色富丽堂皇，象征荣华富贵；银色也有同样的象征意义，但是比金色温和，具有灰色的特征。在多色搭配时，适当使用一点金色或银色能展现出光明、华丽、辉煌的视觉效果。

黄色 K 金手镯

足金如意摆件

白色 K 金手镯

（粤豪珠宝　提供）

写出下面这些首饰的颜色带给人的心理感觉：

(　　)　(　　)　(　　)　(　　)

(　　)　(　　)　(　　)　(　　)

A. 吉祥、喜气、激情
B. 智慧、光荣、忠诚
C. 优美、清新、希望、自然
D. 永恒、真实、沉默
E. 高贵、优雅
F. 神秘、寂寞、黑暗
G. 纯净，适合大多数人
H. 荣华富贵、光明

项目三　色彩与情感

依据生活经验，人们会将色彩相同的不同物体关联起来，并产生复杂的情感和心理活动。例如，人们看到红色就会不自觉地联想到红色的太阳、火焰、鲜血等，而看到蓝色，人们马上会联想到大海、天空等。不同的色彩也会给人们带来不同的情感体验。红色热烈、温暖，蓝色宁静……客观的色彩对应着复杂的性格特征。除冷与暖之外，色彩还会带来轻与重、软与硬、膨胀与收缩等不同的心理感受。

一、色彩的冷与暖

色彩的冷与暖其实是人们对物体冷、暖感觉的心理联想，这些感觉直接与色相有关。色相本身是没有冷暖之差的，而人们凭生活经验会将色相相同的事物联系在一起，才导致色相的冷暖之分。

人们往往运用不同的词汇来描述色彩的冷暖感觉：暖色，豪放、热情；冷色，婉约、透明、镇静、稀薄、开阔、理智。

暖色：主要指红、橙、黄等颜色。人们见到红、橙、黄等颜色后，会联想到太阳、火焰、鲜血等，而这些事物常常会给人温暖、热情的感觉。在珠宝中常见的暖色材料有黄金、红玛瑙、红宝石、琥珀等。

冷色：主要指蓝、青、紫等颜色。人们常常将这些颜色和蓝天、大海等联系在一起，而这些事物会给人寒冷、开阔、平静的感觉。在珠宝中常见的冷色材料有青金石、蓝宝石、紫水晶等。

既感觉不到温暖，也感觉不到寒冷的绿色和褐色等颜色被称为中性色。

红色珐琅耳坠

红色珐琅项链

紫色珐琅吊坠

蓝色珐琅手镯

（粤豪珠宝　提供）

二、色彩的轻与重、软与硬

色彩的轻重感是由色彩的明度高低造成的。明度高的色彩，如明黄、浅黄、白色等，会让人联想到白云、彩霞、棉花等，给人轻浮、上升的感觉，如钻石、黄水晶等就是明度高的材料，给人以轻盈之感；明度低的色彩，如黑色、深蓝色、褐色等，会让人联想到重金属、岩石等，给人以沉重、下坠之感（刘昀，2009），如墨玉、蓝宝石、青金石等的明度低，给人以深沉之感。

褐色珐琅吊坠

蓝色珐琅吊坠

钻石吊坠

（粤豪珠宝　提供）

色彩的软硬感主要也是受到色彩明度高低的影响，同时与纯度高低也有一定的关系。一般来说，明度高、纯度高的色彩会具有软感。

三、色彩的膨胀与收缩

不同颜色的波长不同，在视网膜上成像的位置前后不同。红、橙、黄在视网膜内侧成像，从而形成迫近感，而蓝、绿、紫色在视网膜外侧成像，从而形成开阔感。由于不同波长颜色成像位置的差异，人眼会形成一定的错觉，暖色、纯色、明亮色就有了膨胀和前进的感觉，冷色、暗色、浊色就有了收缩和后退的感觉。

色彩的膨胀感与收缩感：相同直径的圆，暖色系的看上去大，冷色系的看上去小

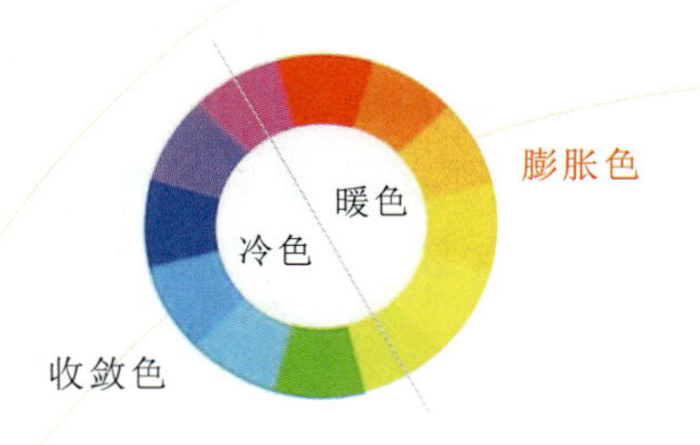

四、色彩的华丽与朴素

不同纯度、明度和色相的颜色在视觉上会产生不同的感觉，华丽或朴素。明度高、纯度高的颜色，如黄色、红色，会给人以鲜艳、强烈和华丽之感；明度低、纯度低的颜色，如深蓝色、灰色，会给人以朴素之感。

在首饰中，常见的红宝石、黄金给人的感觉比较华丽，青金石、墨玉给人的感觉古朴素雅。在色彩搭配时，可以结合多种色彩进行强化或者调整，以期得到不同的效果。

不同明度的圆

五、首饰材质的情感属性

1. 宝石类

钻石象征爱情。

红宝石象征热情。

蓝宝石象征慈爱。

翡翠预示好运。

石榴石象征忠诚。

紫晶代表平和。

橄榄石预示和谐。

黑珍珠代表神秘。

白珍珠象征健康长寿。

2. 金属类

铂金稀有且不易磨损，象征纯洁、珍贵的爱情。

黄金象征着温暖、高贵。

钯延展性强，耐磨损耐腐蚀，象征珍贵、纯净、永恒。

银质朴、含蓄。

编织手链

碧玉吊坠

珍珠耳坠

（粤豪珠宝　提供）

小活动

讨论：不同地区、国家、民族的人对宝石材质的情感不同，从文化角度讲有哪些差异？

项目四 首饰的质感

一、首饰材质的肌理

首饰的表面肌理效果非常丰富，常见的有亮光、磨砂、拉丝这几种。不同的首饰表面肌理给人的质感感受不同，有的纵横交错，有的高低不同，有的粗糙，有的光滑……纹理的变化产生了韵律感和节奏感。这些不同的质感丰富了首饰的视觉层次，带来了不同的触摸体验。

亮光：最常见的首饰表面肌理。通过抛光，首饰表面的痕迹被去除，金属表面光亮如镜面，能很好地展示金属的光泽和造型的流畅。

磨砂：硬质粉末经加压形成冲击流，打击金属表面，使金属形成砂质表面，产生朦胧的效果。砂质感的金属首饰与佩戴者光滑的皮肤可形成鲜明的对比。磨砂可粗可细，灵活运用会使首饰具有不同的风格。

磨砂黄金戒指

亮光戒指

磨砂吊坠

（粤豪珠宝 提供）

拉丝：用硬质金属丝对金属表面进行定向打磨可得到拉丝纹理和缎面效果。细腻统一的拉丝纹理应用广泛，给人以内敛的印象。拉丝的深浅粗细、丝线的顺序千变万化且丰富多样。

磨砂项链

拉丝手镯

磨砂吊坠

（粤豪珠宝 提供）

木纹金：一种特殊的工艺，将不同颜色的金属（一般是金、银或不同颜色的K金）挤压在一起，经过处理后，首饰表面会出现像木纹一样的效果。

锤痕：珠宝工匠经常会用到的肌理工艺，利用的是金属的延展性。用锤子敲击金属，金属受力产生凹凸纹理。这种由手工制作的肌理效果独一无二，各不相同。

指纹、叶纹等也可以作为独特的肌理效果出现在珠宝上，由于其唯一性而受到了很多人的青睐。

镂空项链

蕾丝吊坠

肌理皮带扣

（粤豪珠宝　提供）

首饰表面肌理体现出来的情感是多元化的，会带给人不同的心理情感和暗示。例如，叶纹肌理能带给人原生态的自然情感体验。

二、首饰材质的光泽

千百年来，珠宝首饰一直深受人们喜爱，除了有文化寓意、象征和内涵方面的原因外，还因为它们的材质不但稀有而且美丽。人们常说“珠光宝气”，这里的“光”和“气”指的就是光泽。

珐琅吊坠

碧玉镶嵌手镯

白玉吊坠

珍珠吊坠

（粤豪珠宝　提供）

光泽是指物体表面的反射光，常常会受到物体颜色、物体表面光滑程度、物体结构等的影响。首饰常见的光泽类别有金刚光泽、玻璃光泽、金属光泽、珍珠光泽、丝绢光泽、树脂光

泽等。在各类首饰中，金、银、铂等金属为金属光泽；钻石、翠榴石为金刚光泽，光泽强；大部分珠宝玉石如红蓝宝石、祖母绿、碧玺为玻璃光泽；琥珀为树脂光泽；珍珠和贝类为珍珠光泽；虎睛石为丝绢光泽；绿松石为蜡状光泽；和田玉为油脂光泽。

绿色珐琅珍珠吊坠
（金属光泽、珍珠光泽）

彩色珐琅吊坠
（金属光泽）

珐琅吊坠
（金属光泽）

翡翠
（玻璃光泽）

（粤豪珠宝　提供）

小测试

一、判断题

1. 首饰领域中研究的三原色指红、黄、绿。（　　）
2. 无彩色指的是黑、白、灰这些没有色彩倾向的颜色。（　　）
3. 明度高的浅色会让人感觉重，明度低的色彩会使人感觉轻。（　　）
4. 红色、黄色、橙色会给人明显的膨胀感。（　　）
5. 蓝色、青色、紫色会具有收缩感和后退感。（　　）

二、选择题

1. 下列属于暖色的有（　　）。

A. 红色　B. 橙色　C. 黄色　D. 绿色　E. 紫色

2. 下列属于冷色的有（　　）。

A. 蓝色　B. 青色　C. 紫色　D. 绿色

3. 下列颜色中为互补色的有（　　）。

A. 红与绿　B. 蓝与橙　C. 黄与紫　D. 绿与蓝

4. 下列首饰材料中，让人感觉轻的是（　　）。

A. 黄钻　B. 紫水晶　C. 粉晶　D. 黑玛瑙

5. 下列首饰材料中，属于冷色的是（　　）。

A. 蓝宝石　B. 紫水晶　C. 黄金　D. 黑玛瑙

模块三　视错觉及首饰搭配

本模块主要介绍视错觉原理与应用，首饰搭配与脸型、肤色、体形等的关系，以及年龄、场合与服装的协调等内容。

项目一　了解视错觉

大家观察以下两张图片。图一中的两个黑色长方形，哪个面积更大？图二中的线段 AB 和线段 BC，哪个更长？

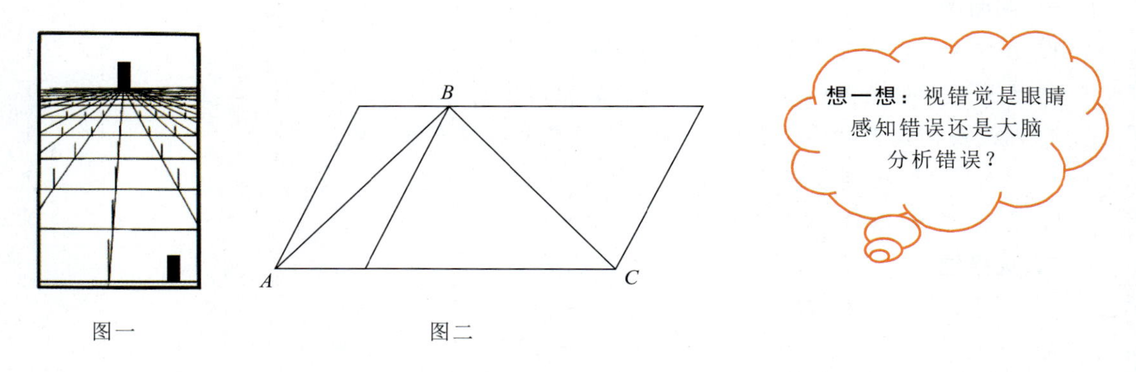

图一　　　图二

其实，图一中的两个黑色长方形是等大的，但两个黑色长方形在周围格子和竖线的参照下，靠近角落的黑色长方形离人眼近，靠近中线的黑色长方形离人眼远，造成了靠近中线的黑色长方形看起来面积更大的错觉。图二中的线段 AB 和线段 BC 分别为两个平行四边形的对角线，其中，线段 AB 为左侧平行四边形的最长对角线，线段 BC 为右侧平行四边形的最短对角线，线段 AB 看起来更长，但其实它们是等长的，这也是因为参照物的影响。

一、视错觉的定义

视错觉是人们在观察物体时，由于个人生活经验或者心理、生理上的影响，产生了错误的判断或者感觉。它包括常见的几何错觉、主观轮廓错觉、明暗错觉、色彩错觉、形状错觉、运动错觉、阴影错觉等。合理利用视错觉，我们的生活会增添很多乐趣。生活中的视错觉主要分为两大类：形错觉和色错觉（冯信群等，2008）。

在日常生活中，我们能遇到很多视错觉的例子。下面我们结合实例情况来讨论。

讨论：观察下列图形，判断两个樱桃的大小。

艾宾浩斯错觉示例

知识链接

艾宾浩斯错觉是一种实际大小的错视。在最著名的错觉图中，两个完全相同大小的圆放在一起，其中一个围绕有一圈较大的圆，另一个围绕有一圈较小的圆，围绕有大圆的圆看起来会比围绕有小圆的圆小。上图中的两个樱桃是同样大小的，但看起来却是一大一小，这是不争的事实。

缪勒-莱依尔错觉是，A、B、C 三根线明明一样长，但在不同方向箭头的作用下，B 显得最短，A 显得最长。

菲克错觉是，垂直线段与水平线段是等长的，但看起来垂直线段比水平线段长。

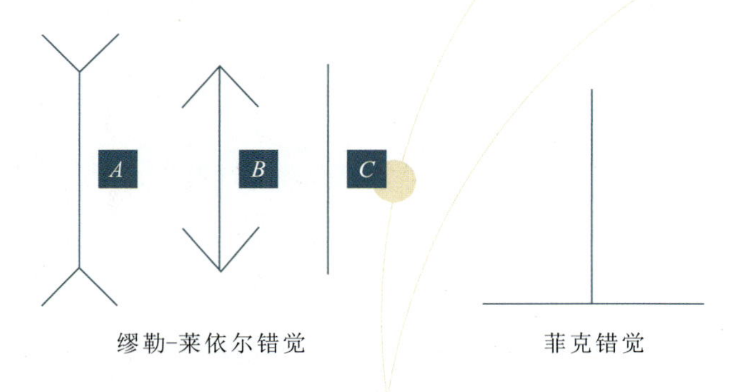

缪勒-莱依尔错觉　　　　菲克错觉

讨论：观察下列圆形，看看不同明暗、大小的圆形给人的感觉是否相同。

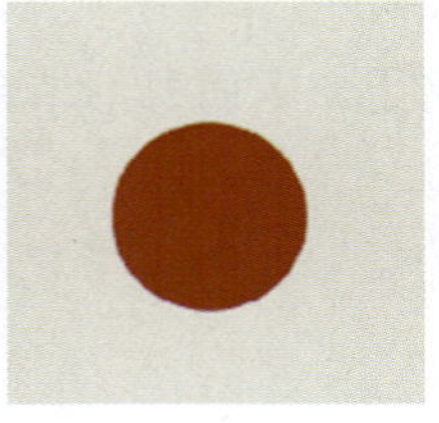
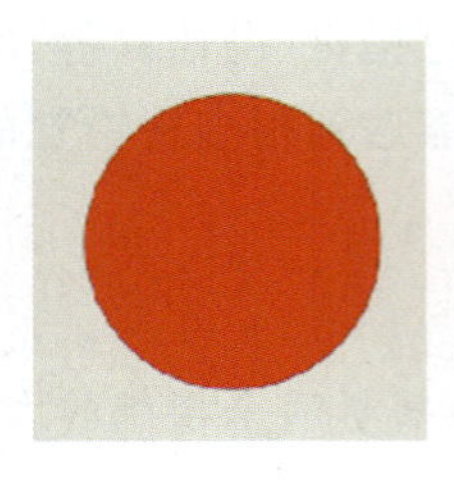

明度高的红色圆　明度低的红色圆　面积大的圆　面积小的圆

错觉现象经常出现在我们的生活中，给我们的生活带来了较强的视觉趣味和艺术韵味，丰富了视觉世界的样式、节奏。通过审美和功能的应用，我们可以对错觉进行再创造，使它应用于生活。

科学地利用形状、颜色的视错觉可以在视觉上给人以美的享受。心理研究表明，色彩暗沉的首饰会让人感到庄重和严肃，而利用视错觉可以让人对首饰的佩戴效果产生错觉，令压抑的首饰看起来没有那么沉重，从而从心理上削减人们的紧张感，产生舒适感。

二、视错觉的应用

当人的视线在水平方向移动时，视觉上会有扩张的感觉，当人的视线在竖直方向移动时，视觉上会有拉伸感；当人的视线分散在两边时，视觉上会有膨胀感，当人的视线集中在中间时，视觉上会有收缩感。

讨论：观察下列图形，看看相同线、点元素以不同位置和方向放置后，给人的感觉是否相同。

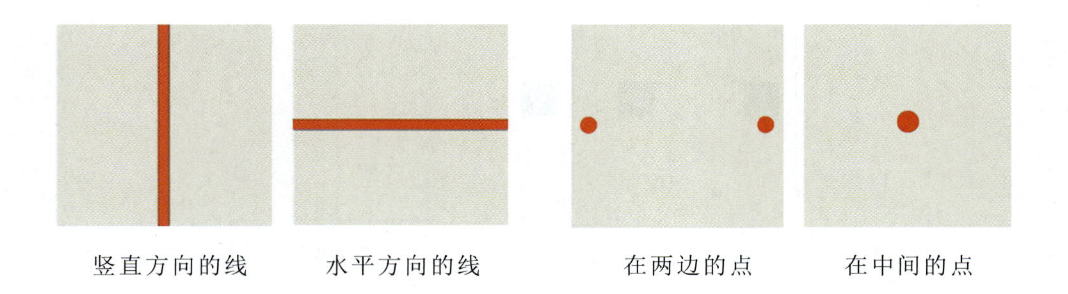

竖直方向的线　水平方向的线　在两边的点　在中间的点

不同人的脸型、体形不同，应用视错觉原理搭配首饰可以起到弥补不足和修饰脸型、体形的作用。例如，线形耳饰能够令圆形脸显得没有那么圆润；“V”字形项链可以起到拉长脸

型的效果。体形不够完美的人需要增加视觉上高度，可以利用视错觉原理中的分割方法。例如，通过提高腰线调整上身和下身的比例，让人产生腿部更长的错觉，从而看起来高。

手指较为粗壮的人可以将戒指戴在中指或无名指上，手指较为瘦长的人可以将戒指戴在小指上，这样可以分别产生收缩和膨胀的感觉。菱形脸的人宜佩戴宽大的耳饰、项链和头饰，丰富脸型的视觉效果；方形脸的人宜佩戴曲线造型的首饰，弱化硬朗的脸部线条。

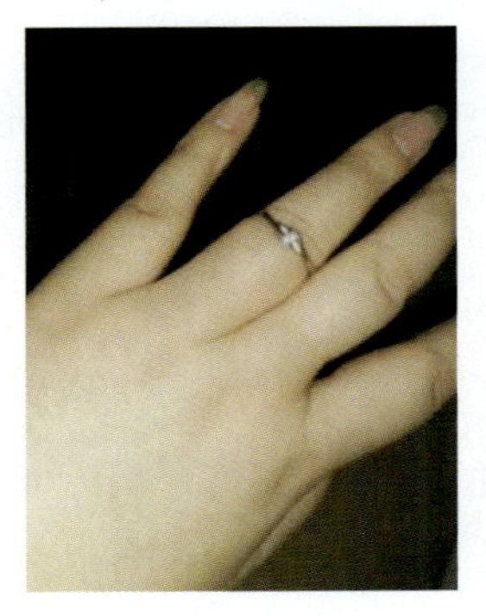

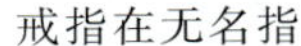
戒指在无名指

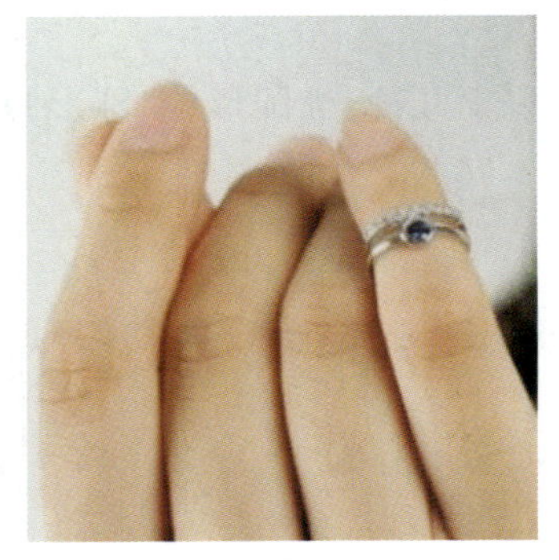

戒指在小指

色彩的明度也会对视觉造成影响。例如，明黄色给人轻飘的感觉，深蓝色给人沉重的感觉，这主要是由生活经验和心理联想引起的。普遍来说，在心理上，人们会认为明度的高低与物体的轻重有关：物体明度高，视觉感就轻；物体明度低，视觉感就重。例如，淡黄色会让人联想到云朵、羽毛、棉花等较轻的物体，而深蓝色会让人联想到重金属等较重的物体。就首饰佩戴的场合而言，遇到严肃庄重的场合，深色首饰比较合适，这是因为深色首饰更具质感，让人感觉比较稳重；舞会、酒会等场合比较适合白色钻石或珍珠，可以营造出轻松、自由的感觉。总而言之，合理地利用色彩的明度高低来调整轻重错觉可以在首饰佩戴中显示出独特的品位。

一、判断题

1. 脸圆的人推荐佩戴圆形耳饰。 （ ）
2. 瘦长脸型的人适合戴大圆耳环。 （ ）
3. 手指粗壮的人适合在中指或无名指上佩戴戒指。 （ ）
4. 手指瘦长的人适合在小指上佩戴戒指。 （ ）

二、填空题

1.（ ）是一种对实际大小的错视：两个完全相同的圆，一个围绕有一圈较大的圆，一个围绕有一圈较小的圆，围绕有大圆的圆看起来会比围绕有小圆的圆小。

2. 根据视错觉原理，位于（ ）的物体有膨胀感，位于（ ）的物体有收缩感。

项目二 脸型与首饰

任务一 脸型的分类及其特征

常见的脸型有以下几种：椭圆形脸、圆形脸、方形脸、长形脸、倒三角形脸、菱形脸、正三角形脸。

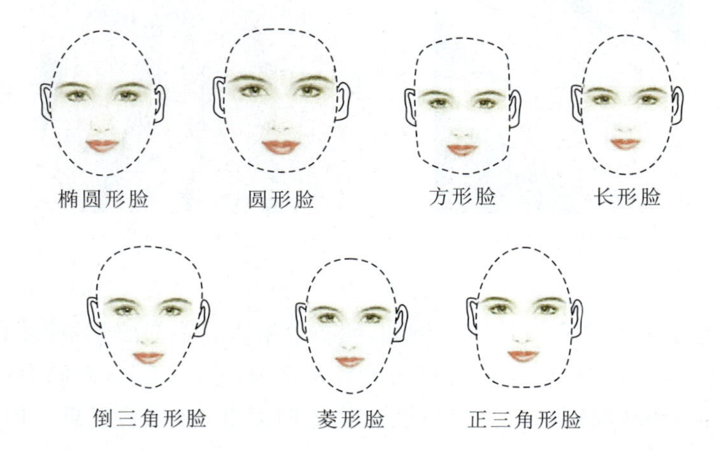

一、椭圆形脸

椭圆形脸又称鹅蛋脸，特征是脸型线条弧度流畅，轮廓弧度均匀，比例合适，额头宽度适中，颧骨宽度最大，下巴弧线均匀。

鹅蛋脸脸型的人几乎可以选择任何形状的耳饰，项饰的选择也相对自由。

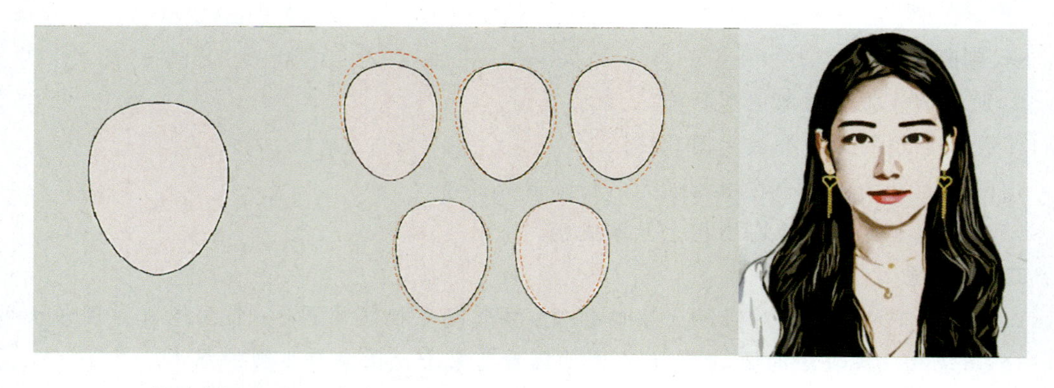

鹅蛋脸标准型（左）与鹅蛋脸变化型（右） 鹅蛋脸女士

二、圆形脸

圆形脸的额头和下巴短，颧骨最宽，脸部圆润，整体轮廓接近圆形。圆形脸就是我们平时常说的娃娃脸，常常给人天真烂漫、活泼可爱的感觉。为了弱化圆形脸的圆形感，耳环和项链都应选择修长或者垂坠的款式，避免选择圆形并贴耳佩戴的款式，因为这些款式会强化圆形，而向下收缩或者几何形状的款式能让圆形脸的线条感更丰富。

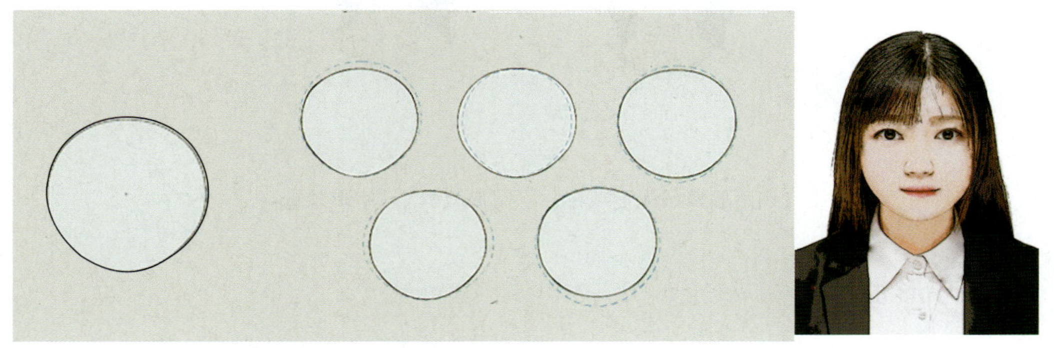

圆形脸标准型（左）与圆形脸变化型（右）　　圆形脸女士

1. 耳饰的选择

适合的耳饰：垂吊物呈水滴形、链珠形、线形的有坠耳饰，长条形、菱形、斜线形、倒三角形等的无坠耳饰。

不适合的耳饰：圆形、方形耳饰；过大或造型繁琐的耳饰，使圆脸有膨胀感；颜色过浅的耳饰。

讨论：下列两组项链，哪些适合圆形脸的人佩戴？

2. 项饰的选择

圆形脸人的可以选择长项链或带坠子的项链，当项链自然下垂或吊坠下垂时，就可以形成“V”字形。圆形脸的人不宜佩戴过粗或造型过于复杂的项饰。

圆形脸戴圆弧形项链　　圆形脸戴“V”字形项链

三、方形脸

方形脸的特征是前额棱角突出、下巴稍宽，也就是额头、颧骨、下颌的宽度基本相同，显得秉性倔强。方形脸轮廓分明，极具现代感，给人意志坚定的印象，也容易给人一种严肃刻板的感觉。方形脸的女性应佩戴一些形状圆滑（如水滴形、椭圆形）的耳环，也可以选择充满女人味的圆形、流线形耳坠，这样会让脸部轮廓变得柔和圆润，而棱角明显或者几何形的耳饰要尽量避免，这些会强化棱角的线条。

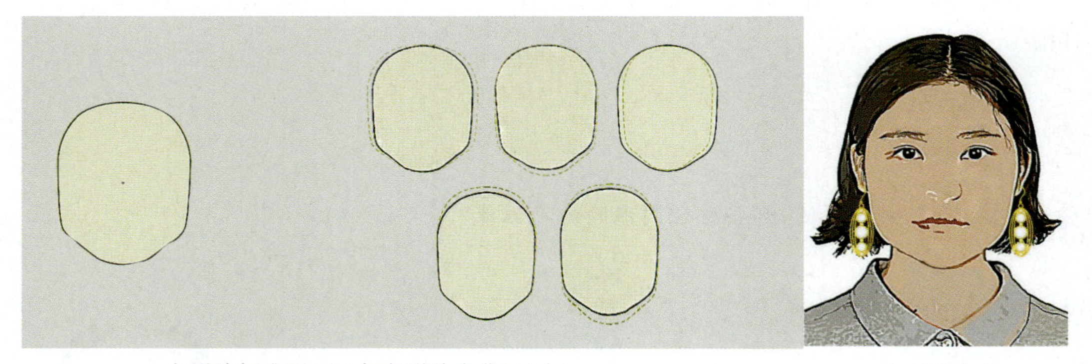

方形脸标准型（左）与方形脸变化型（右）　　方形脸女士

1. 耳饰的选择

（1）推荐选择椭圆形、心形、花形、螺旋形等线条流畅与造型圆润的耳饰。

（2）推荐选择线条柔和的不规则几何耳饰。

2. 项饰的选择

方形脸的人适合佩戴垂坠款式的项链来改善下巴线条的平直感。

四、长形脸

长形脸是一种瘦长的脸型，给人理性、成熟的感觉，额头、颧骨、下颌的宽度相近，但脸宽明显小于脸长。长形脸的人，在首饰佩戴过程中需要达到缩小脸部的长度和增大脸部宽度的视觉效果。

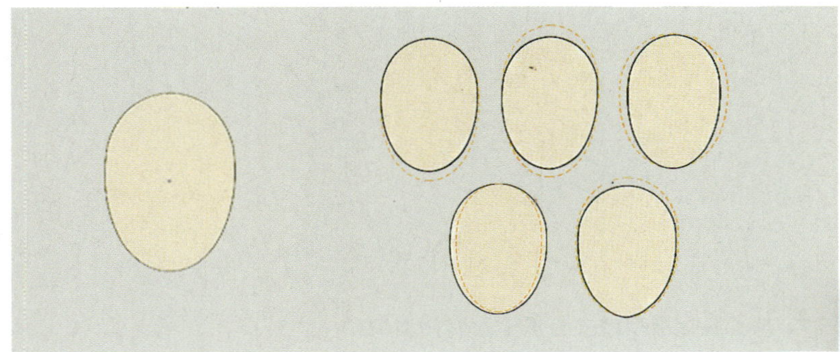

长形脸标准型（左）与长形脸变化型（右）

长形脸女士

1. 耳饰的选择

长形脸的人在选取耳饰时，适合几何图案或者花式图案的耳饰。例如圆形、心形、椭圆形等，在视觉上都有横向扩展的感觉，而细长形耳饰有纵向拉伸的感觉，因此不适合长形脸。

2. 项饰的选择

长形脸的人，推荐选择项圈、粗短的项链及各种图案重复的套式项链，不适合细长的项链及各种有细长吊坠的项链。

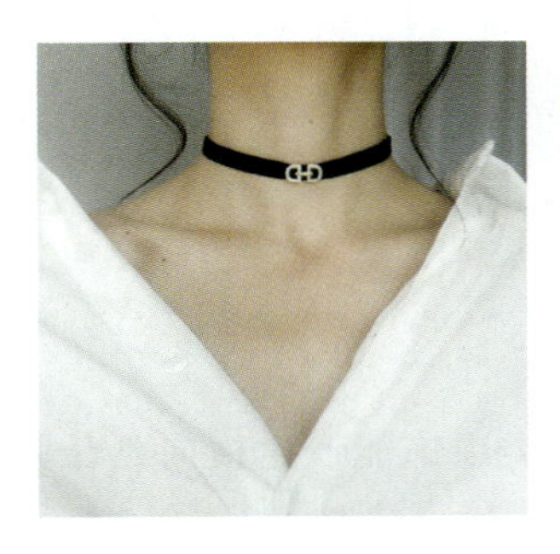

短项圈

项链

五、倒三角形脸

倒三角形脸又称瓜子脸，特征是额头宽大饱满、下巴尖瘦，显得秀气小巧，比较符合东方人审美，被认为是标致的脸型，适合佩戴多种饰品。需要注意的是，瓜子脸下巴尖，细长或者纵向拉伸的项饰会强化下巴的尖长感，起到反效果。

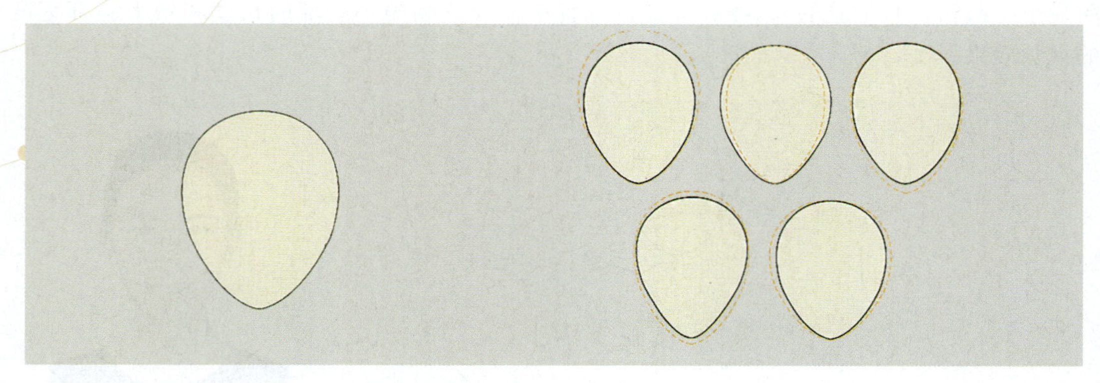

瓜子脸标准型（左）与瓜子脸变化型（右）

1. 耳饰的选择

瓜子脸的人可以选择椭圆形、三角形、水滴形、吊钟形、扇形等多种几何形状的耳饰。

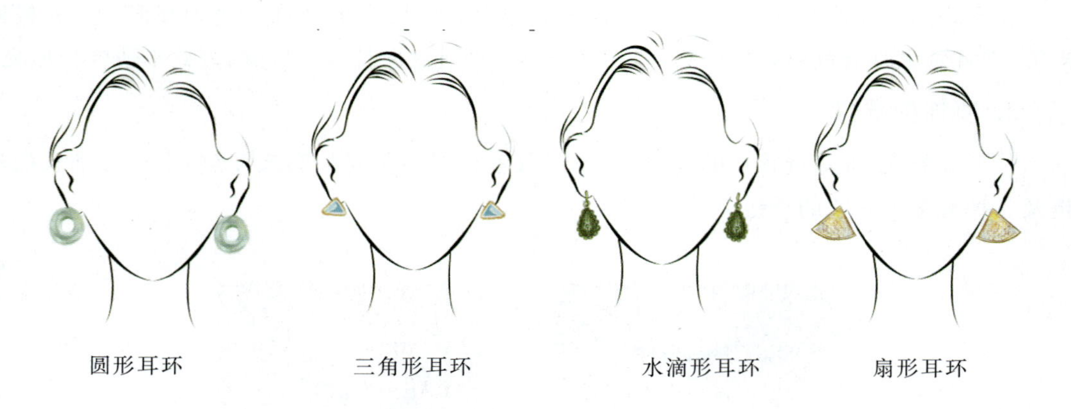

圆形耳环　　三角形耳环　　水滴形耳环　　扇形耳环

2. 项饰的选择

瓜子脸的人尤其适合项圈款项饰。佩戴此类项饰能产生横向延长效果，可以弱化下巴的尖锐感，让脸部轮廓更加柔和。

六、菱形脸

菱形脸的整体轮廓为两端窄，中间宽，特征是额头窄，颧骨宽，下巴尖瘦，棱角分明。菱形脸的人在选择首饰时，应尽量选择圆弧形或者弧线形的首饰，以增加脸部线条的圆润感和柔和感。

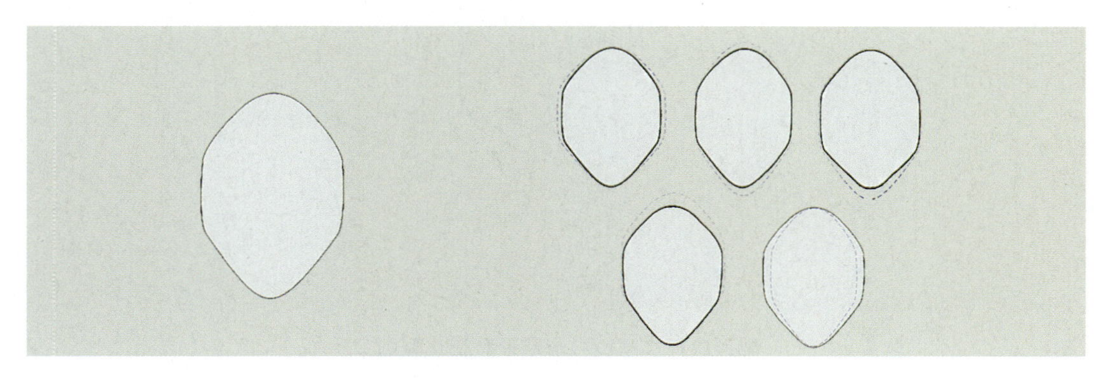

菱形脸标准型（左）与菱形脸变化型（右）

1. 耳饰的选择

菱形脸的人推荐选择水滴形、圆形、椭圆形、珠形耳饰；应避免佩戴像菱形、心形、倒三角形、“V”字形等耳饰，这些首饰会使下巴显得更尖。

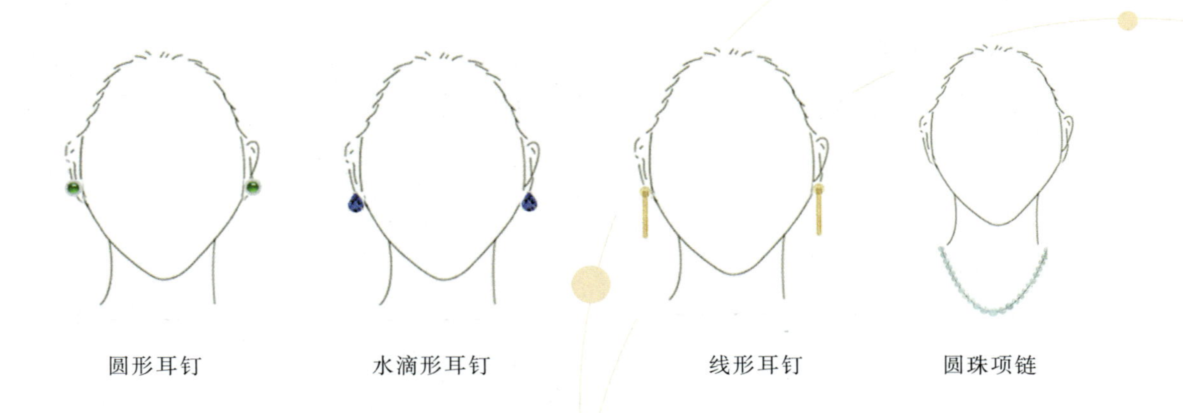

圆形耳钉　　水滴形耳钉　　线形耳钉　　圆珠项链

2. 项饰的选择

菱形脸的人适合选择珍珠、石榴石等圆珠形材质项链，或者具有圆弧效果的项链，也适合佩戴项圈造型的项链，不适合佩戴垂坠款式的项链。

七、正三角形脸

正三角形脸也叫梨形脸，特征是上窄下宽，额头窄，下颚宽，脸部线条明显。在首饰选择时，梨形脸的人应注意尽量平衡下颚的宽阔感，让脸部轮廓更加柔和。

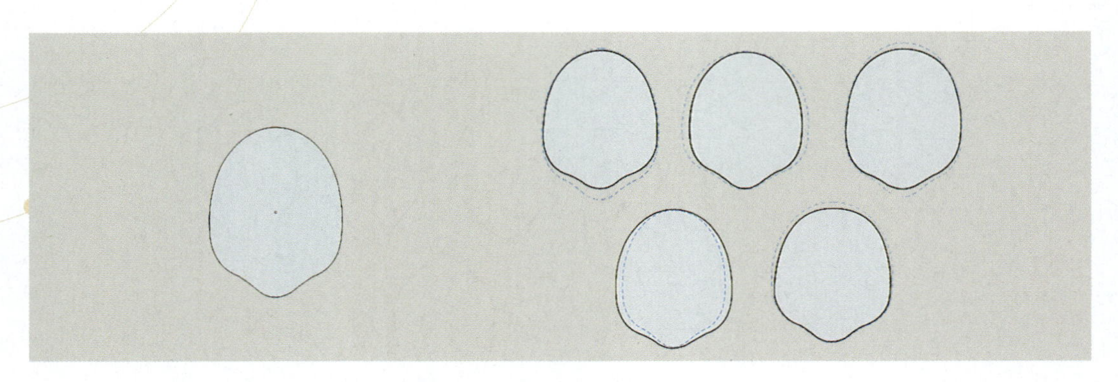

梨形脸标准型（左）与梨形脸变化型（右）

1. 耳饰的选择

梨形脸的人宜选择下缘小于上缘的耳饰，如水滴形、不锐利的三角形等，而耳坠的长度要注意，不能刚好在下颚部分，因为这里是人们眼光停留的位置，要尽量避免棱角明显的首饰，如三角形、六角形等形状的耳饰。

下缘小于上缘的耳饰

2. 项饰的选择

梨形脸的人适合选择具有纵向拉伸感的项饰，如"V"字形项链。

一、判断题

1. 瓜子脸是主流审美中最完美的脸型。 (　　)
2. 瓜子脸的特征是颧骨较宽，下巴尖瘦，整个脸的轮廓两端窄、中间宽。 (　　)
3. 椭圆脸的人佩戴大部分首饰都可以，选择范围广。 (　　)
4. 鹅蛋脸的人不宜选择镶宝石过多的花式项链，或垂饰过大的环状耳坠。 (　　)
5. 菱形脸的人适合佩戴垂坠款式项链，用来增强下巴尖锐的效果。 (　　)
6. 长脸的人适合各种横向扩展的大耳饰。 (　　)
7. 瓜子脸的人适合椭圆形、三角形、水滴形、吊钟形、扇形等多种几何形状的耳饰。 (　　)

二、填空题

1. 常见的脸型有(　　)。

A. 圆形脸　　B. 长形脸　　C. 椭圆形脸　　D. 倒三角形脸

E. 方形脸　　F. 梨形脸　　G. 钻石脸　　H. 苹果脸

2. 圆形脸的人适合的首饰有(　　)。

A. 圆形、方形耳饰　　B. 造型繁琐耳饰　　C. 颜色浅的耳饰　　D. 线形耳饰

3. 菱形脸的人不适合的首饰有(　　)。

A. 倒三角形耳饰　　B. 细短的项链　　C. 细小的圆形的耳钉　　D. 长条形的耳环

项目三　肤色与首饰

一、肤色与首饰的选择

讨论：下列哪个是冷肤色？哪个是暖肤色？哪个明度高？哪个明度低？

肤色冷与暖、明与暗的对比

肤色有深浅之分，也有冷暖之分。我们把肤色主要分成四大类，即浅冷型、浅暖型、深冷型、深暖型。暖色调受黄色支配，冷色调受蓝色支配。

浅冷型　　浅暖型　　深冷型　　深暖型

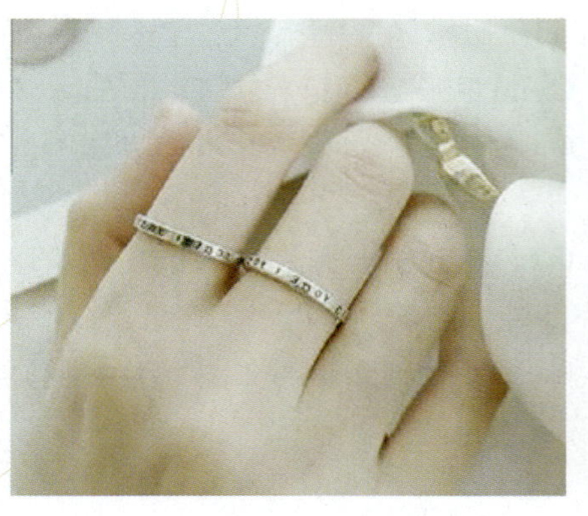

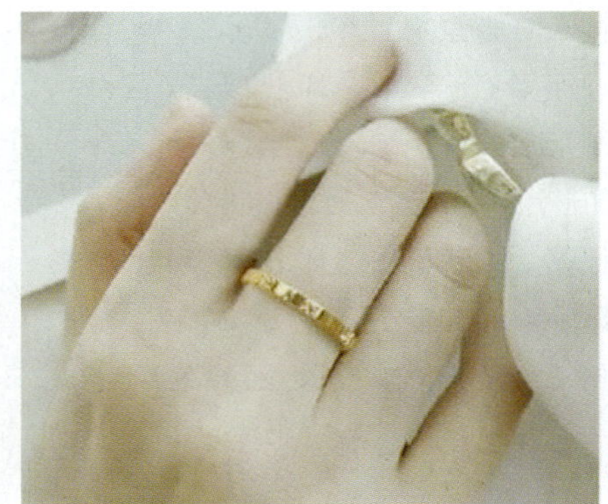

同一只手佩戴银戒指(左)和黄金戒指(右)

讨论: 肤色的冷暖和明暗对首饰搭配有什么影响?

肤色的深、浅比较容易区分深肤色指较暗沉的皮肤,浅肤色指较白皙的皮肤。皮肤白皙并偏暖色调就是浅暖型,皮肤深暗偏暖色调就是深暖型,皮肤白皙偏冷色调就是浅冷型,皮肤深暗偏冷色调就是深冷型。

讨论: 在下列首饰中,看看适合冷肤色的有哪些,适合暖肤色的有哪些。

红色珐琅项链

橘色珐琅项链

蓝色珐琅吊坠

紫色珐琅吊坠

(粤豪珠宝　提供)

浅冷型肤色的人适合白色、透明、光泽强的首饰，如银、白金、钻石、水晶等。

银手镯

银手镯

银戒指

（粤豪珠宝　提供）

浅暖型肤色的人适合黄色调的首饰，如黄18K金、珍珠等。

黄金吊坠

黄金手链

K金手镯

（粤豪珠宝　提供）

讨论：肤色冷暖的判断方法有哪些？

深冷型肤色的人适合银、铂、钻石、红蓝宝石、祖母绿等。

银吊坠

铂金耳环

珐琅吊坠

青金石吊坠

（粤豪珠宝　提供）

深暖型肤色的人适合黄色、红色等色调的首饰，如黄金、琥珀、玛瑙等。

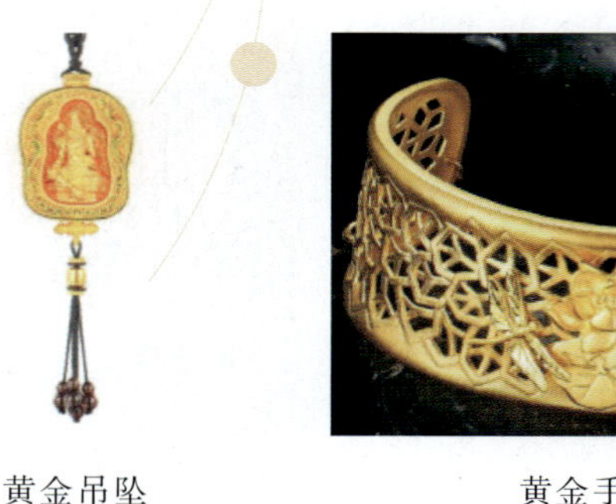

黄金吊坠　　黄金手镯　　K金吊坠

（粤豪珠宝　提供）

二、肤色与首饰的搭配

肤色偏白的人适合多种颜色的首饰，如色调柔和的K金、铂金，色调鲜艳、光泽强的彩色宝石等都能起到很好的肤色衬托作用。粉晶等颜色饱和度低的珠宝不能凸显皮肤的光泽。除此之外，皮肤过白且无血色的人要注意钻石、水晶等白色或透明的珠宝可能会让人显得更加苍白。

红色珊瑚项链　　红色珐琅戒指　　紫水晶耳坠

（粤豪珠宝　提供）

皮肤偏红的人常常给人沉闷的感觉，应尽量选择浅色偏冷色调的首饰，平衡色彩的差异。因此，此种肤色的人宜选择以蓝色、绿色等色调为主的首饰，可以为皮肤增添光彩。需要注意的是，皮肤偏红的人不适合红色、紫红色的首饰，它们会使皮肤显得更红。

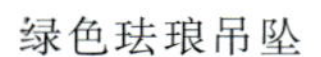
绿色珐琅吊坠

蓝色珐琅项链

蓝色珐琅耳坠

紫色珐琅耳坠

（粤豪珠宝　提供）

肤色偏黄的人适合白色、绿色、蓝色的首饰，如（白）金、白银、祖母绿、蓝宝石或者彩球饰品，宜尽量避免红色或黄色的珠宝饰品。

绿色珐琅吊坠

蓝色珐琅吊坠

蓝色珐琅戒指

（粤豪珠宝　提供）

肤色偏黑的人适合华丽的彩色首饰，或者夸张的艺术类首饰，也适合与皮肤颜色相近的首饰。肤色偏黑的人不适合白色或粉色宝石，这些颜色会强化皮肤的黑色，但是光泽强的钻石饰品除外，钻石饰品可以将偏黑的皮肤反衬得发亮，显得更有活力。

彩色珐琅戒指

水晶手镯

彩色珐琅吊坠

（粤豪珠宝　提供）

一、判断题

1. 皮肤偏黄的人适合红色或黄色的珠宝首饰。（　　）
2. 肤色偏黑的人不能佩戴珍珠、钻石、黄金首饰。（　　）
3. 肤色偏黑的人不宜佩戴白色或粉色宝石首饰。（　　）
4. 肤色偏黄的人可以佩戴白金、白银及紫色、绿色、浅蓝色宝石的首饰。（　　）
5. 肤色偏黑的人可以佩戴光泽强的宝石。（　　）

二、选择题

1. 暖肤色的人适合的首饰材料有（　　）。

A. 芬达石　　B. 红玛瑙　　C. 蓝宝石　　D. 紫水晶

2. 冷肤色的人适合的首饰材料有（　　）。

A. 天河石　　B. 青金石　　C. 蓝宝石　　D. 紫水晶

三、填空题

下列这几种肤色分别适合哪些首饰？

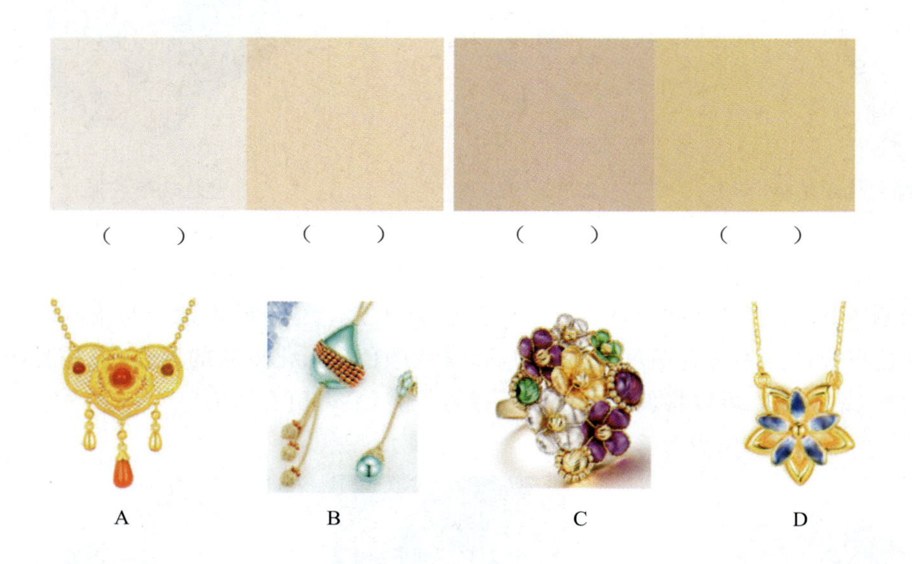

项目四　体形与首饰

一、体形适中的女性

体形适中的女性在首饰的选择上比较自由，但是也要考虑自身条件的限制，尽量扬长避短，如上围小的女性要避免长链的珠宝，而颈部偏短的女性不要选择项圈。

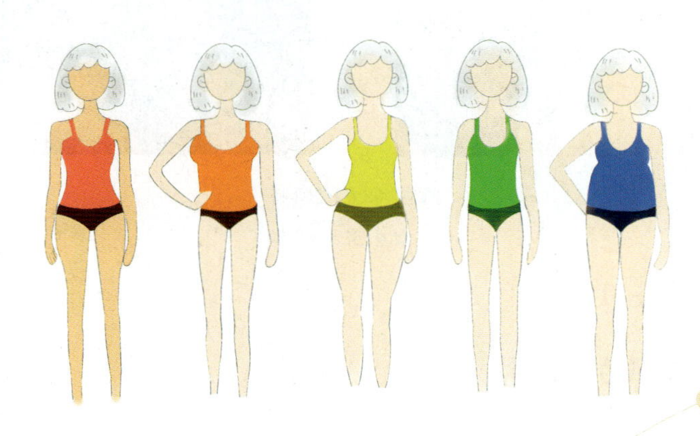

不同体形的女士

二、体形清瘦的女性

清瘦型女性的特征是身体单薄，脖子长。她们选择首饰时应重点装饰两侧，中间部分减少装饰，达到将宽度增加的效果，减少消瘦感。

清瘦型女性宜选择圆形项链、面积大的耳环、华丽的戒指、粗的手镯，这样在视觉上整体就能达到平衡。

三、体形高大的女性

高大型女性大多身材高大，有的甚至比较健壮，在佩戴珠宝时宜选择粗而长的项链，大的或夸张的项坠，戒指和耳环造型厚实、质地好即可。

佩戴珠宝的模特

（粤豪珠宝　提供）

四、体形偏丰满的女性

偏丰满型女性的体形丰腴，可以利用首饰在纵向上进行视觉拉伸。首饰可以选择细长型的项链，戒指和手镯的款式宜尽量简洁，但是不能太细小，不然会和体形形成对比。

五、体形丰满的女性

丰满型女性在佩戴首饰时应尽量简化两侧，丰富中间，适合长细的项链，最好加上有设计感的挂坠，而手镯和戒指宜选择尽量简洁的款式。

体形丰满的女士

六、体形娇小的女性

娇小型女性适合小巧精致的首饰，脖子短的可以佩戴长项链或者“V”字形吊坠，脖子长的可以佩戴项圈或者短项链。她们不适合过大、过于豪华和夸张的首饰，不然会形成对比，显得越发瘦弱。

佩戴珠宝的女士

佩戴珠宝套件的女士

（粤豪珠宝　提供）

国外形象相关专业将女性身材大致分成了五类，分别为X型、H型、A型、Y型、O型。统计数据显示，全球女性这五种身材的占比分别为26%、18%、22%、9%、25%。

X型身材：胸部、臀部宽，腰部细，是最完美的身材。

Y型身材：宽肩窄臀，脂肪分布在身体的上半部分，手臂、胸部较丰满，臀部和腿部清瘦。

A型身材：肩膀窄臀部宽，上身较清瘦，臀部、腹部、腰部较为丰满。

H型身材：肩、臀的宽一样的，这种身材是最好穿衣服的，身材比例也较和谐。

O型身材：腹部圆润，腰部的宽度大于肩部和臀部的宽度。

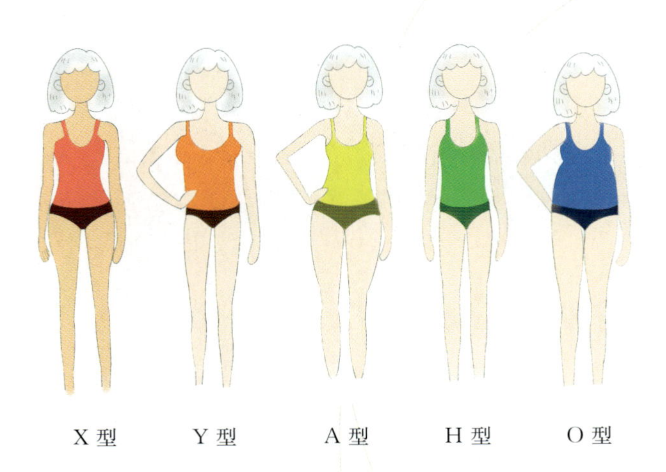

X型　Y型　A型　H型　O型

一、判断题

1. 常见的人体体形：H 型、X 型、A 型、O 型、V 型。 (　　)
2. 宽肩窄臀是 X 型身材。 (　　)
3. 臀大肩小是 Y 型身材。 (　　)
4. 短颈者适合"V"字形项链。 (　　)
5. 清瘦体形的女性项链宜选外形奇异、粒度大的珠宝。 (　　)
6. 丰满型的女性宜选择细而长的项链，挂饰造型适当大而夸张。 (　　)
7. 偏矮型的女性宜佩戴细长带坠项链，项链要简单。 (　　)
8. 偏高型的女性适合颜色鲜艳、造型小巧的珠宝。 (　　)

项目五　视觉风格与首饰

一、首饰的视觉风格

1. 量感

量感是指物体的大小、长短、粗细、厚薄等方面。

1)形状、整体廓形(粗细)

观察下图首饰的形状和整体轮廓，左边的明显个头大、线条粗，这个就是量感大；右边的个头小，线条细，这个就是量感小。

量感大

量感小

(粤豪珠宝　提供)

2)数量多少、厚薄

观察下列饰品的数量多少和厚薄,厚的、数量多的量感大,薄的、数量少的量感小。

量感大　　量感小

量感大　　量感小

(粤豪珠宝　提供)

2. 动静感觉

1)繁与简、装饰多少、镶嵌复杂程度

首饰的动与静是指首饰的装饰性强弱或变化性大小。如果设计繁琐,镶嵌复杂,宝石切割面比较多,那就是动;如果设计简洁,镶嵌简单,宝玉石是弧面型的,那就是静。

动　　静

(粤豪珠宝　提供)

2)饱和度、对比度、光泽度

如果首饰的饱和度高,即颜色很鲜艳,对比度强,即颜色反差比较大,光泽度高,就是宝石或金属表面反射光比较强,那么这类的首饰就是动的;如果首饰颜色不鲜艳,颜色对比也不强烈,光泽度低,那么这类首饰就是静的。

动　　静　　动　　静

(粤豪珠宝　提供)

请分析下列戒指的视觉风格。

(　　)　　(　　)　　(　　)

(　　)　　(　　)　　(　　)

3. 直与曲

直线形线条中的直线较多，比较硬朗；曲线形线条比较曲线化，柔和。

直线形吊坠

曲线形吊坠　　曲线形耳坠

（粤豪珠宝　提供）

二、佩戴者的视觉风格

1. 脸部的量感大小

脸的大小和五官的比例都是影响量感的因素：脸小五官小，量感小；脸大五官大，量感大。

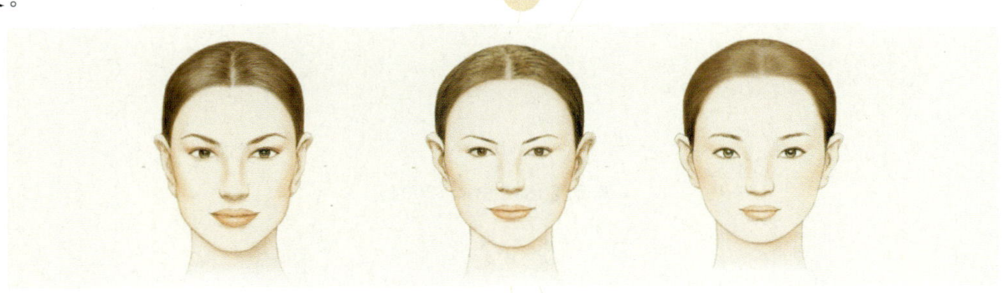

量感大　　量感中　　量感小

2. 脸部的动与静

脸部的动、静取决于脸部的骨骼感强弱和清晰度高低等。骨骼感就是眉骨、颧骨等的明显程度。清晰度是指五官的变化大小。静态脸的骨骼感弱，对比度、清晰度低，整体比较柔美、柔和，有亲近感；动态脸的骨骼感强，对比度、清晰度高，立体而醒目。

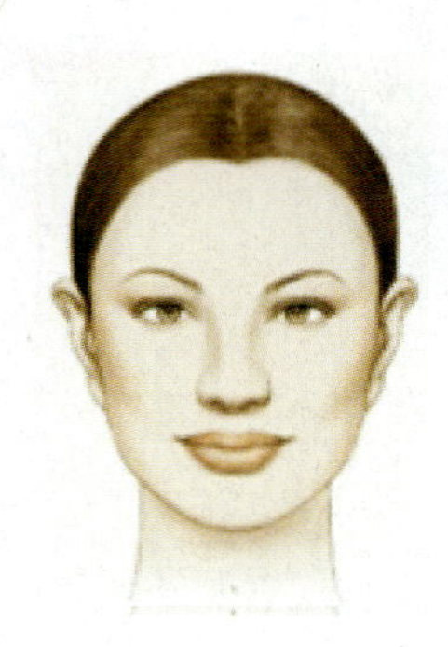
动态的脸

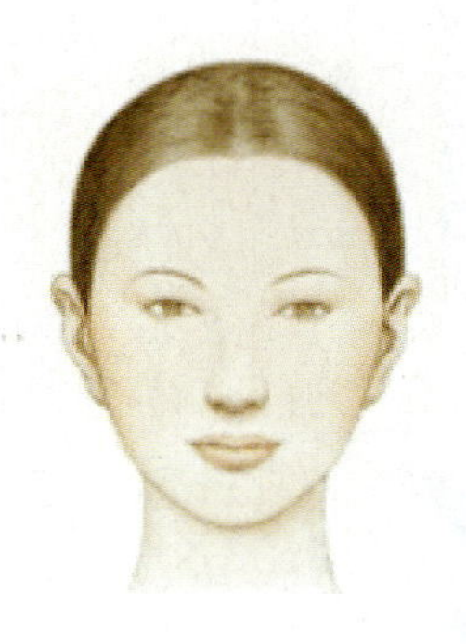
静态的脸

（据西蔓色研中心，2004）

3. 面部线条的曲与直

(1)直线型：面部线条直线感强烈，给人中性化、英气的感觉。

(2)曲线型：面部线条呈现曲线感或者圆润感，给人温柔、女人味十足的感觉。

(3)中间型：面部的轮廓感介于直线感和曲线感之间，给人的感觉既不是特别有女人味，也不是很英气，偏普通型。

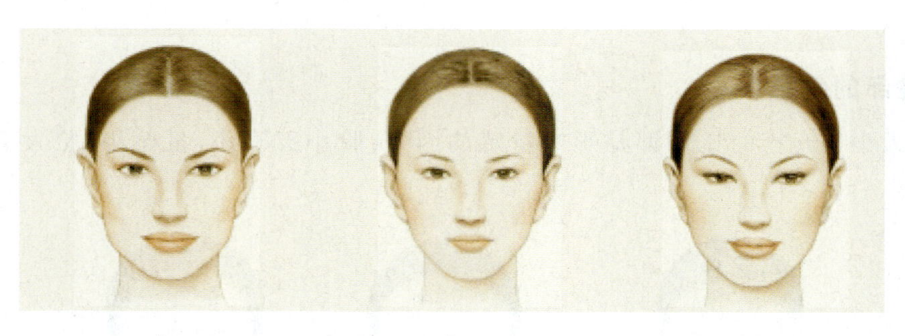
直　　　　中　　　　曲

（据西蔓色研中心，2004）

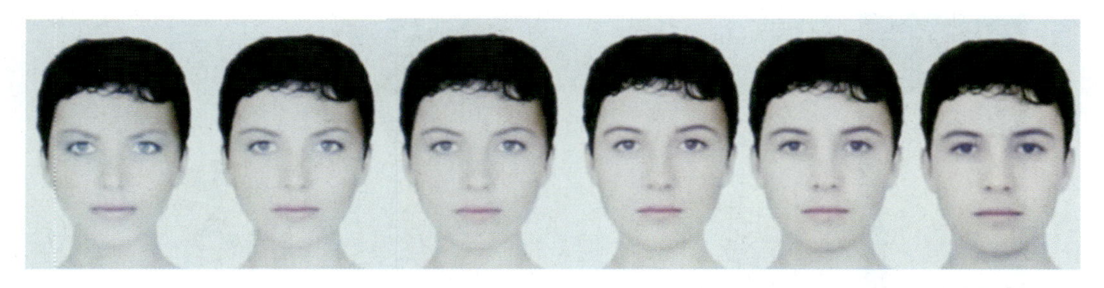

女士面部线条的直曲渐变(从左到右由直变曲)

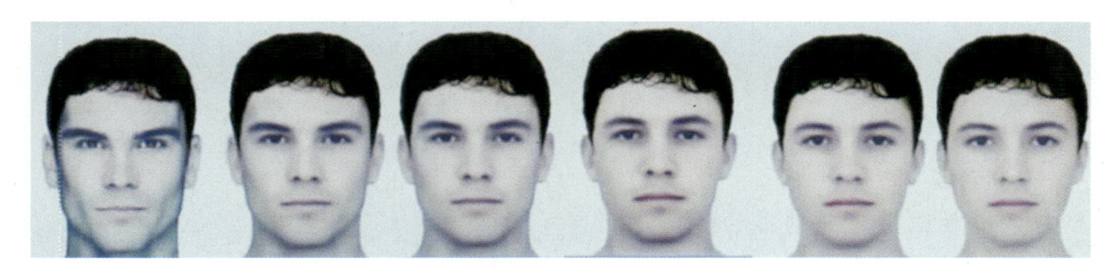

男士面部线条的直曲渐变(从左到右由直变曲)

三、视觉风格与首饰选择

应用视觉风格相关原理,我们在选择首饰时应遵循的规律为大小相配、动静相配、曲直相配。量感大的人佩戴量感大的首饰,量感小的人佩戴量感小的首饰。动感强的人佩戴动的首饰,静感强的人佩戴静的首饰。直线形的人佩戴直线形的首饰,曲线形的人佩戴曲线形的首饰。根据视觉感受来挑选相应类型的首饰是首饰佩戴美学中最直接的方法之一。

第一组　小静　　　　第二组　小动

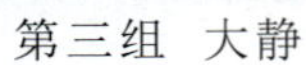

第三组　大静

第四组　大动

（粤豪珠宝　提供）

一、判断题

1. 装饰性强、变化大的属于静饰。（　　）
2. 大、粗、厚、长的物体，量感大。（　　）
3. 脸大、五官大的量感小，菱形脸、五官比例不协调的动感强。（　　）
4. 骨骼感强、眼神犀利的动感强。（　　）
5. 一般来说，钻石、红蓝宝石的光泽更好，属于动饰，粉晶、琥珀属于静饰。（　　）

二、填空

1. 比较下列三张图中的量感大小，填空。

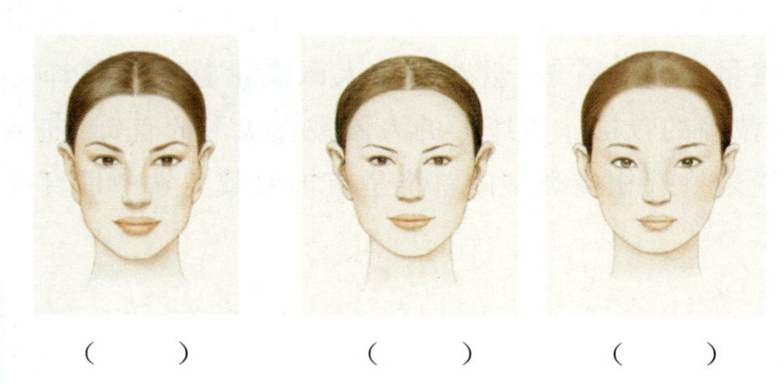

（　　）　　（　　）　　（　　）

2. 比较下列三张图中的人物面部线条的曲与直，填空。

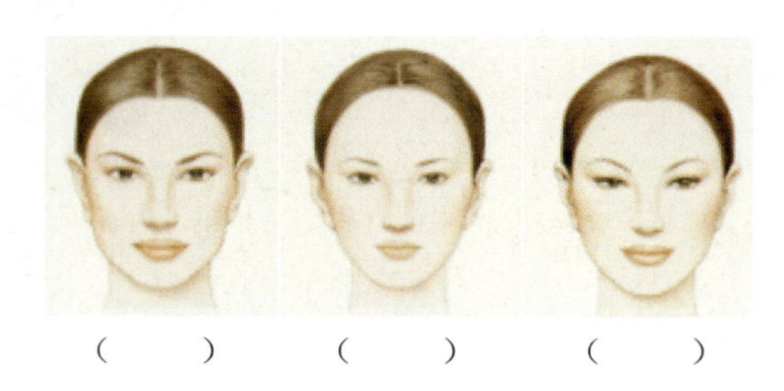

（　　）　　（　　）　　（　　）

3. 给下列三个量感不同的人搭配合适的首饰。

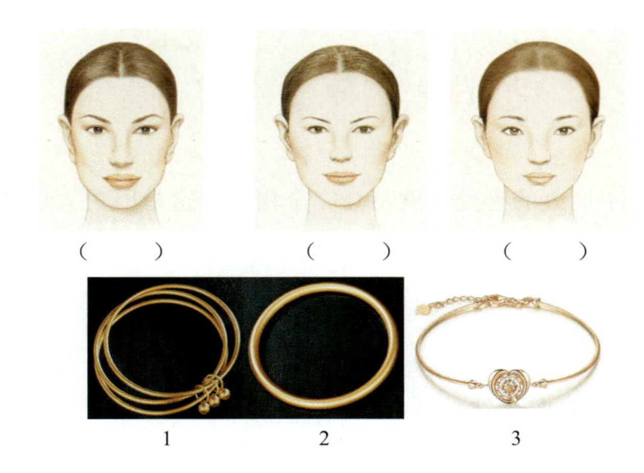

4. 给下列动静感不同的人搭配合适的首饰。

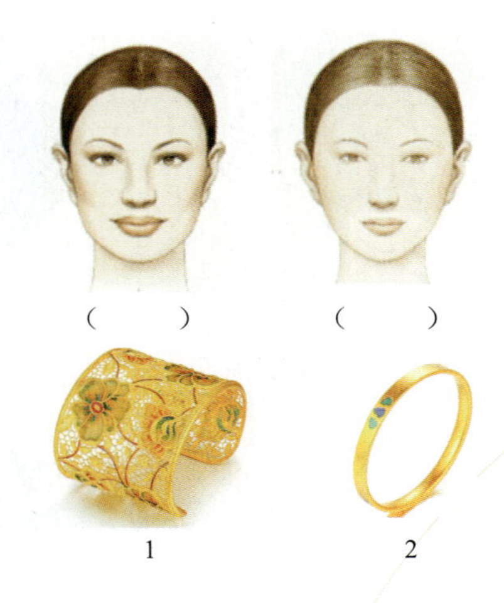

5. 给下列曲直感不同的人搭配合适的首饰。

项目六 审美与首饰

同一件珠宝首饰，不同人的喜爱程度不会完全相同。这是因为人们所处的时代背景、风俗背景和社会阶层不同，他们的成长经历、生活环境、知识背景、当下的心境也不相同，自然对审美的理解和偏好也不相同。

1. 时代

人们对首饰的审美具有时代性特征，不同时代人的审美偏好不同。明朝凤冠和清朝凤冠各具特色，其工艺、材料、造型也有较大差异，这与时代背景等因素密不可分。

明代皇后凤冠

清代皇后凤冠

2. 个人审美

个人审美因喜好、年龄、性别、职业、文化修养和经济地位的不同而有所区别。这些因素对个人首饰的选择也具有比较明显的影响。

3. 艺术交融与文化交融

艺术元素在不同地域、不同民族、不同国家之间传递，设计师们从中汲取灵感，使这些艺术元素相互交融、相互影响。东西方文化的交融也是影响人们审美的因素之一。

知识链接

1957年，陕西西安玉祥门发掘一座古墓，其主人是开元皇后杨丽华的外孙女李静训。墓中发现了大量的文物，每一件都珍贵至极。其中有一条嵌珍珠宝石金项链非常精美，现藏于国家博物馆。项链由28颗金质球形链珠组成，左右各14颗，其上镶嵌有珍珠、鸡血石、青金石等，整体造型充满了异域风情，特别是青金石上凹雕的大角鹿花纹。大角鹿主要分布在欧洲地区、欧亚交界地区、俄罗斯西北部地区。凹雕技法流行于古代两河流域和伊朗，而当时的青金石主要产地是阿富汗地区。从这条项链上可以看出，隋唐时期的东西方文化交流是很密切的。

嵌珍珠宝石金项链（隋）

项目七　年龄阶段与首饰

不同年龄段的人有不同的审美偏好。教育背景、兴趣爱好、消费习惯不一样的人对首饰的需求也各不相同。即使是同一个人，他或她在不同年龄阶段的首饰偏好也会发生改变。

一、儿童

儿童佩戴的首饰比较讲究，要求富有寓意的同时还应避免划伤皮肤。推荐佩戴金银铃铛、长命锁、手镯、玉石的平安扣、十二生肖等，造型圆润且不易划伤皮肤，寓意吉祥健康。

长命锁项链

长命锁挂坠

青蛙吊坠

（粤豪珠宝　提供）

二、青年人

青年人朝气蓬勃，充满了活力，比较喜欢设计新颖、时尚潮流的款式，比较乐于尝试各种不同的风格。他们通常会经历一些重要的人生大事，如恋爱结婚、事业初步建立、新生命诞生等。针对以上这些特点，推荐选择设计精巧的红蓝宝石、钻石、各种半宝石等。

时钟吊坠　　扇形吊坠　　珐琅吊坠　　珐琅耳线

（粤豪珠宝　提供）

三、中年人

中年人有一定的生活阅历，经过时间的沉淀，他们在气质上更加从容。首饰于他们而言，不仅仅是装饰品，也代表着其品位和经济实力，因此要尽量选择一些高档、大气、质地好的首饰，如翡翠、和田玉、红蓝宝石等。

珍珠翡翠项链

和田玉吊坠

花丝珐琅手镯

翡翠手镯

（粤豪珠宝　提供）

四、老年人

老年人大多已退休，时间比较充裕，心态逐渐平和，有更多的精力照顾家庭和调养自己的身心。他们适宜佩戴朴素、简单的款式，如工艺精湛的金、银首饰，以及色泽庄重的镶嵌宝石首饰。

彩金项链

黄金菩提观音

（粤豪珠宝　提供）

一、判断题

1. 青年人适宜佩戴高档、深色的宝石。（　　）
2. 儿童可佩戴水晶、珍珠、蓝宝石、红宝石首饰。（　　）
3. 给老年人设计的首饰要尽量简洁，佩戴方便。（　　）
4. 流行、精美的首饰更适合中年人。（　　）
5. 男性首饰的线条应简单大方，装饰感强，且可以同时佩戴数量比较多的首饰。（　　）

二、选择题

1. 浑厚、典雅的首饰适合（　　）。

A. 儿童　　B. 青年人　　C. 老年人　　D. 中年人

2. 男性佩戴首饰最常见的实用款式种类有（　　）。

A. 领带夹　　B. 袖扣　　C. 手表　　D. 项链

项目八　性别与首饰

近几年，男性佩戴首饰越来越流行，越来越普及，佩戴首饰的男性数量也越来越多，对首饰的需求处于增加的趋势。

在中国人的传统观念当中，首饰就是财富的象征，因此，中国男性在选择首饰的时候，黄金、铂金、钻石这类高价且保值材料是他们的首选。

形态：男性首饰比较干练、简约，着重于展现男性的阳刚之气；女性首饰在形态上比较注重轻盈、纤细、精致、柔美之感。

功能：男性首饰注重实用性，而女性首饰最重要的目的是装饰性。

潮流：男性首饰一般没有特别的流行款式；女性首饰设计新颖奇特，造型千姿百态，大多追随潮流。

彩金手镯

彩金袖扣

（粤豪珠宝　提供）

消费心理：男性选择首饰主要用于彰显身份，并不会过于关注首饰的价格；女性把首饰当作时尚用品，更换频繁，对价格会有一定的考量。

在现代社会中，随着男性审美观念的不断转变，男性佩戴首饰的现象会越来越普遍，男性首饰的市场潜力无法估量。

彩金吊坠

K金吊坠

（粤豪珠宝　提供）

项目九　场合与首饰

首饰与场合的搭配是很讲究的，如果搭配不当，轻则引起笑话，重则导致误会。

一、正式场合

在出席正式场合时，建议选择上品的首饰。除了需要遵守传统的规则之外，佩戴的首饰需要既符合自身的身份气质，又不过于引人注目。

如果是参加正式活动或出席重要工作会议，建议选择简单大方、光泽强的首饰。如果参加一些带有工作性质或商务意义的晚宴派对、聚餐活动等，千万不要佩戴那些款式太过于夸张、花哨的首饰或佩戴太多首饰，这样会显得过于亮眼或咄咄逼人而不合时宜。

正式场合建议佩戴简单的吊坠、胸针

二、社交场合

社交场合指的是朋友、同事、亲人等之间的聚会，包括喜宴、舞会、联欢会、小型的沙龙等。这种场合是展现自我的好机会，穿着打扮可以个性时尚，各种时装、礼服等都是适宜的，建议尽量选择高档、精致的首饰。如果是豪华、热闹的场合，可以选择造型华丽的红蓝宝石、钻石、祖母绿、珍珠等，成套首饰的效果更佳。

三、工作场合

工作场合比较正式，讲究庄重，为了表现出团队精神，在穿衣搭配上要整齐一致，不宜太过突出。

1. 面试

面试时不宜佩戴过于夸张的首饰，如晃来晃去的耳坠、叮叮当当的手镯等。把首饰在考官面前晃来晃去，给人一种不成熟的感觉，面试效果完全可以想象；相反，佩戴一点简洁清雅、爽朗大方的小饰品，则可能收获意想不到的效果。

2. 会议或聚会

如果参加一些重要工作会议或隆重的开业庆典，宜选择符合自己身份与气质、价值较高且简洁的饰品。在参加一些带有工作性质的派对或聚会时，千万不要佩戴一些款式过于夸张、色彩华丽的首饰，也不要佩戴过多的首饰，以免喧宾夺主或引起不必要的误会。

3. 工作办公场合

在工作办公场合，首饰以简单、干练为好，尽量不要选择太张扬的，色彩和款式不要太华丽。

对于工作环境比较特殊的职业，如公务员、教师等，从事这些职业的人或多或少对大众有一定影响力。他们佩戴的首饰注意大方简单即可，不能古里古怪、繁杂、个性、夸张，不然会给人不可靠的感觉，大大影响就职单位的形象。

在冶金、化工、机电等行业工作的人，尤其是在强酸、强碱环境或高温、有污染环境下工作的人，不宜佩戴珍珠、珊瑚、欧泊等易受高温和化学物品腐蚀的首饰及易滑落的首饰。

四、休闲场合

在娱乐场所时，人的心情一般比较放松，可选择设计大胆的首饰。胸针不必别在胸前，可别在领口、帽檐，这样可以营造出无拘无束的氛围感。建议佩戴清新、明朗、鲜艳、活泼、造型随意的时装珠宝首饰，如玛瑙、琥珀、水晶、翡翠、金银首饰等。

判断题

1. 正式场合适合佩戴豪华、奢侈的首饰。 (   )
2. 社交场合比较随意，不用特意佩戴精美、高档的首饰。 (   )
3. 工作场合佩戴的首饰以简单为美，宜干练、简洁、不张扬。 (   )

项目十　服装与首饰

首饰与服装的整体搭配共同构成了生活中形象的一部分。为了提升首饰的搭配效果，并形成独特的首饰搭配艺术风格，我们需要同时考虑色彩、造型、材质等诸多影响因素。在穿衣打扮时，首饰常与腰带、丝巾等一起作为配件，有时候是作为点缀与亮点，有时候是为了弥补搭配中的不足。

(1)首饰和服装色彩的协调性会影响服装的整体视觉效果，同时使造型层次更丰富。用色彩鲜艳的首饰搭配素色的衣服可以形成明度和纯度的反差和对照，使纯色服装产生跳跃感，使整体形象更具生机；相反，用朴素的首饰搭配花哨的衣服可以起到平衡的作用。在众多首饰材质中，黄金、白银、珍珠、钻石等材质是百搭的，几乎可以和所有衣服搭配，但是翡翠、红蓝宝石、祖母绿等色彩鲜艳的首饰，则需要仔细挑选来搭配不同颜色的服装。

(2)深色服装可以搭配色彩鲜艳、光泽夺目、造型夸张的首饰，使首饰成为点睛之笔，如黑色礼服搭配绿色翡翠、豪华钻石项链、红宝石或珍珠套装；浅色衣服尽量选择浅色系列的首饰，例如冰种翡翠、K金、海蓝宝石等，略作点缀和烘托，如果选择鲜艳的红蓝宝石搭配浅色衣服，就会显得有些突兀。

(3)若衣服有许多装饰细节，如花边、蕾丝、碎花图案等，首饰款式就要选择简洁一点的，以免在视觉上发生冲突。若佩戴两件或两件以上的首饰，色彩、材质等要协调，不能差异太大。佩戴的首饰如果镶嵌有彩色宝石，首饰的主色调与服装的色调要整体一致。首饰的面

积和体积都比较小，需要我们在把握整体色彩风格的基础上，进行巧妙的搭配，以增强服装的表现力和感染力。

(4)纯棉的衣服给人朴素、天然的感觉，大多做成休闲、民族风的服装。这类服装在搭配首饰时适合休闲、趣味的款式，比如银、贝壳、陶瓷等材质，而不适合奢华的材质和款式。皮草、礼服这类比较高档的服装，常常需要搭配同样华丽、造型夸张的首饰(如彩色宝石、黄金、套链珍珠等)营造出光鲜亮丽的效果。

绿松石吊坠搭配民族风服装

菩提子吊坠搭配休闲服装

珍珠搭配暗色服装

K 金胸针搭配黑色西服

塑料珠链搭配黑色毛衣

钻石首饰搭配白色礼服

蓝宝石首饰搭配黑色礼服

祖母绿首饰搭配白色礼服

(4)首饰一般作为服装的陪衬用于烘托主人的气质，在与服装搭配时，佩戴数量不宜过多，不然容易适得其反，甚至会喧宾夺主、画蛇添足。例如，一套点缀有项链的素色衣服配上一个戒指足矣，如果再加上胸针、手镯、腰链，如果它们的材质不同且光泽度差异大，不仅显得不协调，反而显得俗气。

选择题

1. 棉麻面料的服装适合搭配的首饰有（　　）。

A. 素金、银、珊瑚、琥珀　　B. 高档珍珠、玉石　　C. 黄金、铂镶宝石

2. 多色彩服装的首饰搭配方法为（　　）。

A. 首饰颜色选服装中的一种　　B. 选黑白灰　　C. 随意选择

3. 首饰与服装的颜色搭配方法有（　　）。

A. 点缀　　B. 撞色对比　　C. 简化　　D. 同色系

模块四　首饰的不同佩戴方法

本模块主要介绍项链、耳饰、手镯、戒指和胸针的佩戴方法和文化习俗；掌握现代人佩戴首饰的礼仪和要求，并能进行合理的搭配。

常见的项链、耳饰、手镯、戒指和胸针在佩戴时均要遵循一定的规则和习俗，在彰显品位的同时提升个人形象。

项目一　戒　指

戒指一般用于装饰手指，男女均可佩戴。常见的戒指材料有贵金属、彩色宝石、钻石，以及木头、皮革、陶瓷等。

一、订婚戒指与婚戒

订婚戒指是男方送给女方的，用来确定结婚的意愿；结婚戒指是男女双方一起佩戴的，用来确定婚姻关系。随着时代的进步和发展，婚戒被不断地加上各种各样的宝石材料和时尚元素，如珍珠、宝石、钻石等。订婚戒指一般会镶嵌一颗显眼的钻石或者宝石作为主石，以显示求婚的慎重和诚意；结婚戒指需要日常佩戴，以素圈戒指更为常见，有时候戒圈上也会加上一些小钻，以示时尚和特别。

二、佩戴寓意

在西方传统文化里，上帝将运气赐予了左手，且西方医学认为无名指连接着心脏，所以左手无名指上戴婚戒体现婚姻的信仰与神圣，这种习俗一直流传至今。

国际上比较流行的戴法如下。

（1）食指——未婚、想结婚。喜欢在食指上佩戴戒指的人往往与众不同，具有强烈个性。由于食指本来就比较突出，所以食指佩戴的戒指不一定要镶嵌宝石，可选择佩戴在不同角度都能看见的，造型夸张、大气的，如橄榄形、梨形或椭圆形的花式戒指。

(2)中指——恋爱中。中指是五根手指中最长的、最具有艺术气质的,最适合佩戴造型独特、制作精良、含蓄而不夸张的素金戒指,可以展现出温文儒雅的淑女风范。

(3)无名指——已经订婚或结婚。无名指是手指中最漂亮且最能体现女人味的手指。浪漫的古希腊人相信,戒指通过左手无名指内直接通向心脏的"爱情之脉",可以将两颗心连接起来。建议选择做工精良、造型典雅的戒指。

(4)小指——单身贵族(少数地区代表同性恋者)。有人认为,小指代表机会、运气,小指佩戴戒指可以辟邪和保佑平安。小指靠最外面,佩戴的戒指一般不镶宝石,戒指款式可以调皮时尚或夸张另类,直线造型或曲线造型的皆可。

(5)大拇指——彰显个性。大拇指一般不佩戴戒指,如佩戴则是希望显示自己张扬不羁的强烈个性。在西方的审美观念中,戒指戴在大拇指上是十分奇怪的,不仅不美观,且影响手部运动,所以西方人很少将戒指佩戴在大拇指上。大拇指比较显粗,可以佩戴细条或粗条的指环。

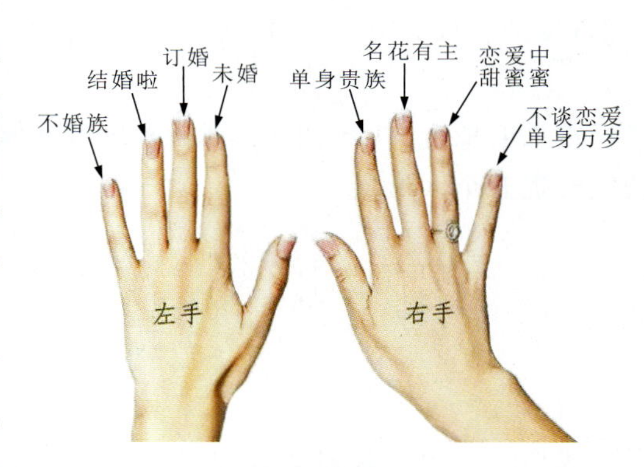

不同手指佩戴戒指的含义

按照我国的风俗,不同手指佩戴戒指的寓意不同。右手小指,不谈恋爱;右手无名指,热恋中;右手中指,名花有主;右手食指,单身贵族,等待爱情。左手小指,不婚族;左手无名指,已婚;左手中指,订婚;左手食指,未婚。左手和右手的大拇指佩戴戒指都代表权势,也可以代表自信。

三、常见戒指材质

彩金可以有白色、黄色、玫瑰红等颜色,最常见的是18K金。彩金首饰质量较轻、价格稍低、工艺精美、款式新颖,在中国的销售量一直处于平稳上升的态势,备受消费者的喜爱。玫瑰金里因为含有铁,常常容易氧化变色。

婚戒也常常选用铂金制作。铂金戒指比较耐磨,质地坚硬,致敏性低,不易褪色。

四、戒指与手指指型

手指指型有纤秀型、瘦长型、细小型、粗大型等。戒指在个人形象装扮中十分重要,要与手指指型配合才能产生美的效果。根据手指的形状类型确定戒指的款式、宝石的大小和数量,可以取得满意的效果。

纤秀型(均匀型):这种手指指型十分完美,与任何款式的宝石戒指都可以搭配,既可以是颗粒大的钻石戒指,也可以是纤细柔美的秀气戒指款式。

瘦长型:这种手指指型的特征是手指细长。不适合佩戴大的、棱角分明的戒指,适合群镶、排镶等方式,选择正方形、枕形及圆形主钻搭配小碎钻,并采用细环式或者一般粗细的戒臂。这样能在视觉上产生扩张感,弱化手指的瘦长感。

花头较大、戒臂细环的戒指

(粤豪珠宝 提供)

花型戒指

(粤豪珠宝 提供)

细小型:其特征是手掌短小、手指较细。不适合佩戴单颗且硕大的宝石戒指或粗犷厚重的指环,适合佩戴镶嵌单粒小钻、多粒小宝石的戒指或指环,款式宜为曲线造型,戒臂宜为细环式。

粗大型:其特征是手掌厚实、手指较粗,属于肉肉手。适合佩戴镶嵌橄榄形、椭圆形或方形、八角形的大粒钻石戒指,以在横向上增加粗犷感,给人以大气之感。水滴形钻石可令手指显得修长。较宽的戒臂或"V"字形戒臂是这一手型的绝佳搭配,加宽的戒臂可以让肉肉的手指看上去纤细一点。

小钻细环戒指

（粤豪珠宝　提供）

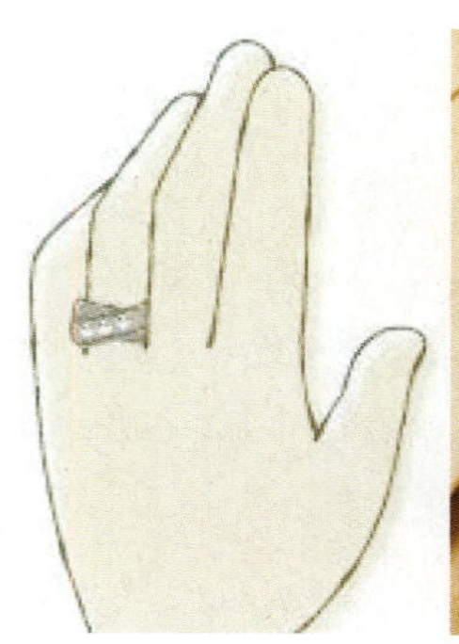

镶嵌大宝石的戒指

（粤豪珠宝　提供）

关节粗壮型：其特征是手指关节较为明显，指尖和指根较细。适合佩戴单颗较大的宝石戒指、具有厚重感的缠绕式指环、具有造型感的艺术款式戒指、"V"字形造型的戒指。

指蹼过大型：其特征是手指与手指之间的蹼比较长，手指不能充分张开，手指显得短。适合佩戴曲线造型的戒指。柔和的波浪形会产生一种将指根向下移的视觉错觉，适合"V"字形和"U"字形等曲线形的戒指。

手指短粗型：其特征是手掌偏厚，手指粗而且短。适合质感柔和、镶嵌有弧面宝石或椭圆形宝石的、中等大小的戒指。

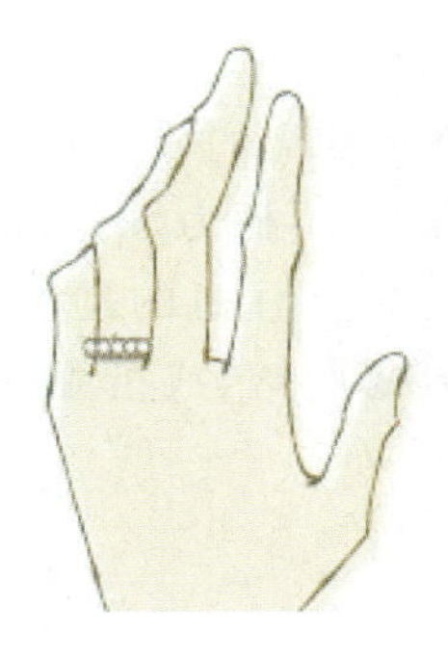

大宝石、缠绕式戒指

（粤豪珠宝　提供）

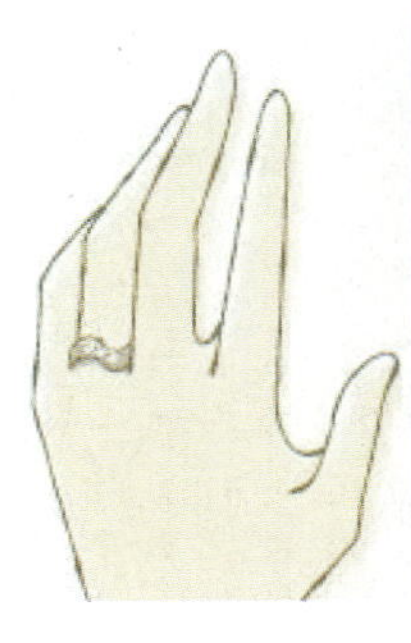

曲线造型的戒指

（粤豪珠宝　提供）

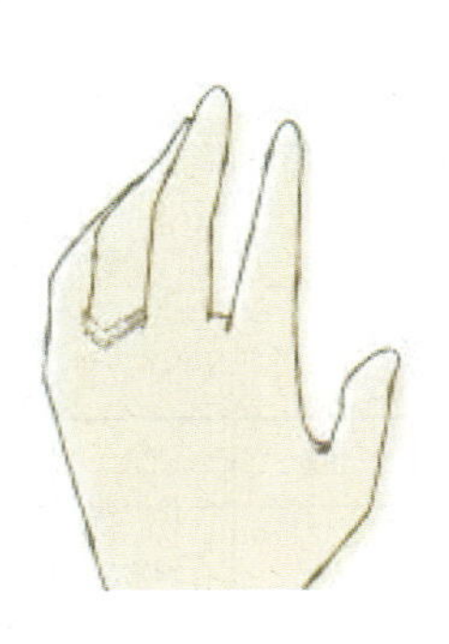

弧面宝石镶嵌的戒指

（粤豪珠宝　提供）

五、戒指与挑选

在挑选戒指时，应先用戒圈量尺测量或目估手指粗细，再确定相应的戒指圈号。在量取手指尺寸时，以指关节的粗细为标准，不能太紧也不能太松，以舒适不掉为好。如果太紧，长时间佩戴它会影响手指上的血液循环；如果太松，则容易掉落。需要注意的是，在不同的季节，手指的尺寸会有所变化。一般来说，夏天出汗较多，戒指容易脱落，戒指圈号以稍紧为好；冬天皮肤干燥，戒指圈号以可以左右旋转但又不会脱落为好。

如何测量手指周长

对比手指根部与关节围度，请以更大围度为参考选购戒指

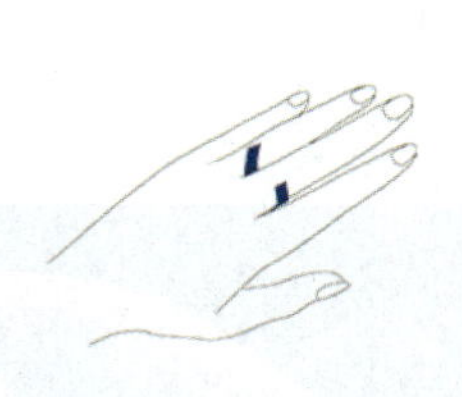

步骤1 准备纸条，以长10cm、宽0.5cm左右的为宜，绕于需佩戴戒指的手指根部位置，纸条尽量贴合手指

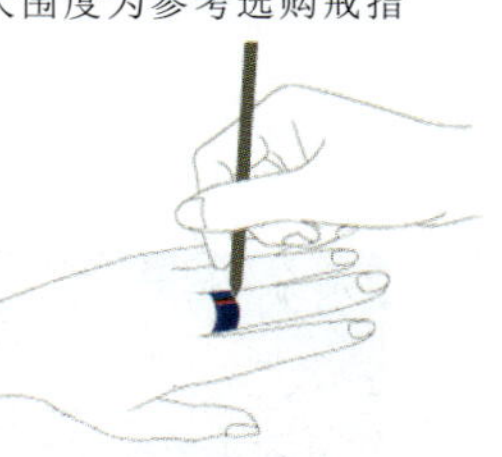

步骤2 在纸条交会处做标记，得到手指根部的围度

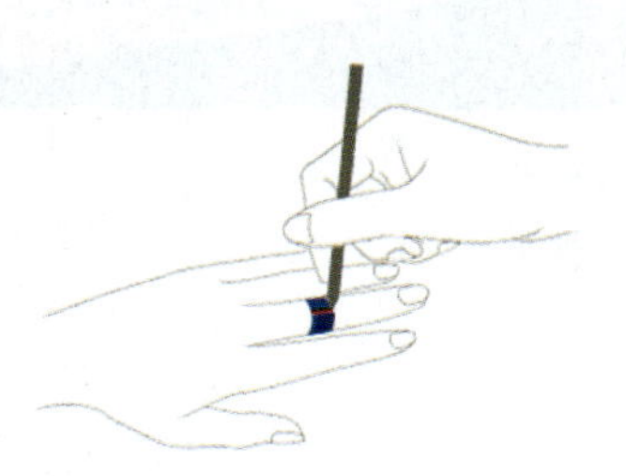

步骤3 再次绕于手指中部关节，尽量贴合手指，标记纸条交会处后得到手指关节围度

步骤4 对比手指根部与关节围度，建议以二者间更大围度为参考标准

戒指圈号对照表

戒指圈号	6	7	8	9	10	11	12	13	14
手指周长/mm	45	46	48	50	51	52	54	55	56
戒指圈号	15	16	17	18	19	20	21	22	23
手指周长/mm	57	58	59	60	61	62	63	64	65

一、判断题

1.“手记”“约指”“驱环”“代指”“指环”等都是戒指的名称。（　　）

2. 纤秀型的手适合佩戴各种造型的戒指。（　　）

二、选择题

1. 戒指佩戴在（　　）表示已经在恋爱中、订婚。

A. 食指　　B. 中指　　C. 无名指

2. 戒指佩戴在（　　）表示已经结婚。

A. 食指　　B. 中指　　C. 无名指

3.（　　）的手适合佩戴镶嵌单粒小钻、多粒小宝石，曲线造型、细环的戒臂。

A、细小型　　B. 瘦长型　　C. 粗大型

项目二　耳　饰

耳饰历史久远，在我国新石器时代的墓葬中就出土了许多材质丰富、形状各异的耳饰。原始社会时期的耳饰材料有玉石、象牙、玛瑙、绿松石、煤精等，后来由于冶金技术的发展，金属耳饰开始出现，耳饰的样式也由简到繁地变化着、发展着。

一、耳饰的分类

（1）耳环：指戴在耳垂上的环状装饰品，一般由贵金属和宝石制成。

（2）耳坠：指悬挂在耳垂上的坠饰，与耳朵连接的部分为耳针或耳钩。耳坠的主体部分是活动的、立体的，具有很大的设计空间，因此耳坠的款式数不胜数。如果只能佩戴一种饰品，最合适的选择一定是垂坠式耳环，因为它可以将人的视线锁定在面孔，使颈部看起来更加颀长。

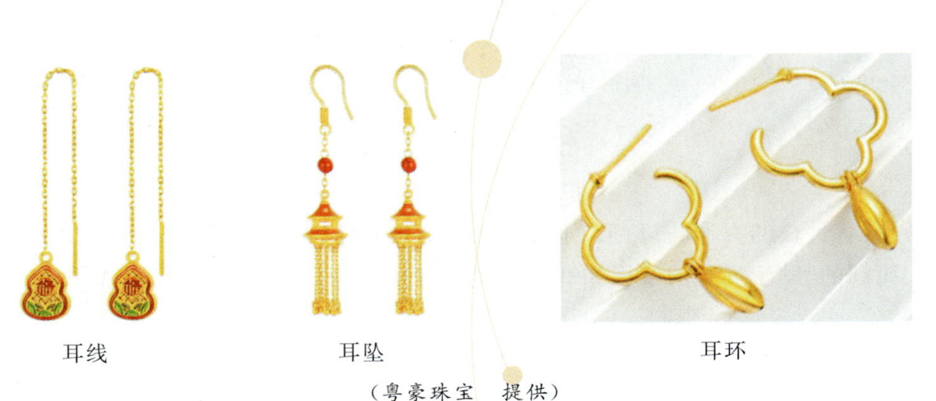

耳线　　耳坠　　耳环

（粤豪珠宝　提供）

(3)耳钉:比耳环小,形如钉状。耳钉可以适应任何发型、脸型、服装,在任何场合、任何季节都可以佩戴。

(4)耳线:一条细细的金线穿过耳朵,从耳朵的背面垂下来。

(5)悬挂式耳饰:没有耳洞的设计,一般直接挂在耳背上。

(6)耳钳:适合未穿耳洞的人佩戴,常设计成夹状。

耳饰的制作材料可以是金属、宝玉石等。它形态多样,风格迥异,能体现佩戴者的品位,起到画龙点睛的作用。

二、耳饰的搭配

1. 耳饰与发型

(1)短发型:比较适合耳钉。耳钉不能太小,稍大些可以使人有活力、干练之感。

(2)长直型:最好佩戴富有动感效果的耳坠,款式宜为简洁的环型。

(3)长卷型:可以选择颜色艳丽、款式略显夸张的耳坠。

2. 耳饰与脸型

长形脸:比较适合佩戴具有圆形效果的、紧贴耳垂的、形态稍大的耳钉,如方扇形耳钉、大环式耳钉。这类耳饰可以在视觉上增加脸的宽度,调整脸部整体形象,让视觉效果更好。

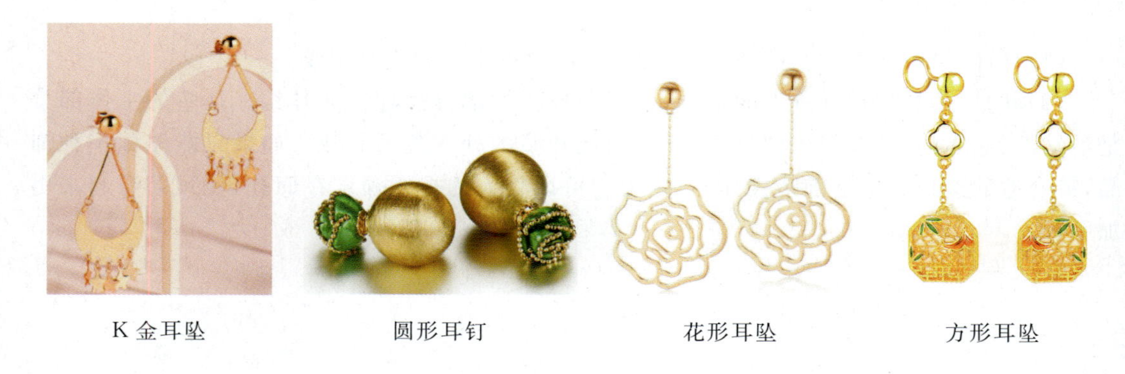

K 金耳坠　　圆形耳钉　　花形耳坠　　方形耳坠

(粤豪珠宝　提供)

圆形脸:各种长的方形、三角形、水滴形的耳环或耳坠都可以起到修饰脸型的效果;不适宜佩戴大而圆的、贴于耳垂的圆形扣和垂吊式大圆环,它们会使脸部显得更加丰满。

线形耳饰

椭圆线形耳坠

弧面耳坠

（粤豪珠宝　提供）

方形脸：适宜佩戴长椭圆形、弦月形、新叶形耳饰；不适宜佩三角形、长方形耳饰和面积较大的耳饰。

曲线形耳坠

水滴形耳坠

花形耳坠

（粤豪珠宝　提供）

鹅蛋脸：公认的完美脸型，各种款式的耳饰都可以。

试着给以下这些脸型的女生挑选合适的首饰。

（　　）

（　　）

（　　）

（　　）

（　　）

A　　B　　C

D　　E　　F

一、判断题

1. 瑱不是耳饰。（　　）

2. 耳玦是一种有缺口的圆环，最早出现于新石器时代。（　　）

二、选择题

1. 适宜佩戴长椭圆形、弦月形、新叶形耳饰，不适宜佩三角形、长方形耳饰和面积较大耳饰的脸型是（　　）。

A. 圆脸　　B. 椭圆脸　　C. 方脸　　D. 瓜子脸

2. 下面这些脸型适合哪些首饰？

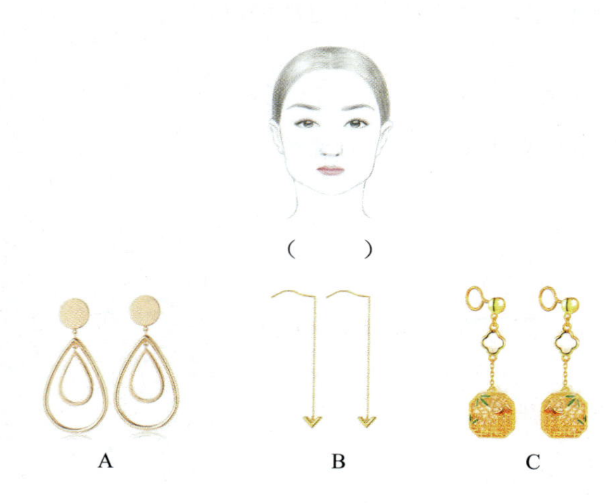

（　　）

A　　B　　C

项目三　项　饰

项饰通常用于装饰颈部和胸部，是最受人们欢迎的饰品之一。颈部是人体最重要的中心枢纽，连接头部和胸部，横向与人体双肩相互关联，处于人的视觉中心。项饰的起源很早，可以追溯至旧石器时代晚期。

出土的原始社会时期的项链

一、项饰的分类

项饰：常见的项饰有项圈、项坠、项链等。

项圈的外形跟项链很像，除了簧扣的搭边之外，几乎没有活动关节，因此项圈又称为硬项链。在中国传统习俗中，项圈常常用黄金、白银等贵重材料制作，很多会在上面挂上长命锁或者镶嵌玉石，有辟邪祈福、保平安的寓意。现今，项圈大多指贴颈的项链。

编织项圈

银项圈

戴项圈的纯惠皇贵妃

（粤豪珠宝　提供）

项坠又称挂坠，由主体和挂攀两部分组成。挂攀可以是我们常说的“瓜子扣”，也可以是主体后留出的用于穿项链的孔眼。

珐琅吊坠

珐琅吊坠

翡翠吊坠

（粤豪珠宝　提供）

项链主要由链身和搭扣两个部分组成。链身有两种，即无宝链和花式链。无宝链由一节一节的链环组成，链环上有花纹，链环都是相同的或者相似的；花式链上镶嵌有各种宝玉石和花片。

项链的种类很多，大致可分为金属项链和宝石项链两大系列，长度有 40cm、45cm 以及 60～80cm。贵金属素身项链和由单一宝石（如珍珠等）制作、长度为 40～45cm 的项链，一般直接佩戴在脖颈上。

K 金无宝链

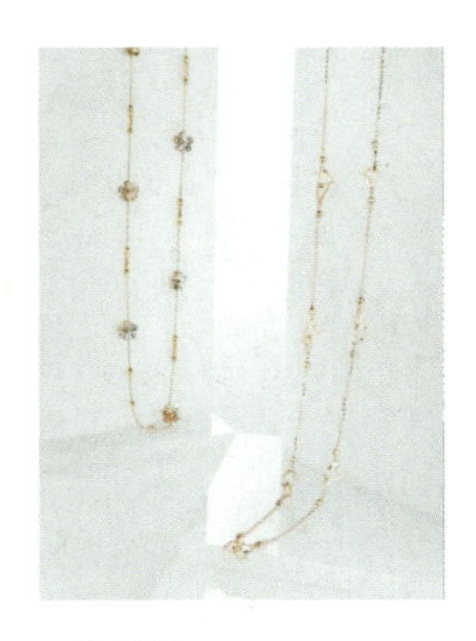

花式链

（粤豪珠宝　提供）

短项链适合颈部和脸型长以及下巴尖细的菱形脸的女生，圆形脸、方形脸和三角形脸型适合佩戴略长的项链，对于长短粗细适中的标准形颈部，适宜佩戴中等长度的项链和挂坠，超长项链适合任何脸型。

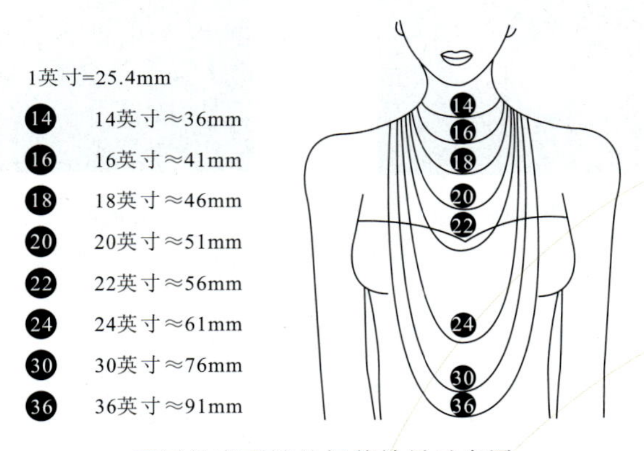

不同长度项链的佩戴效果示意图

三、项饰的搭配

1. 项饰与颈部

脖子粗短的女性应该选择细长的项链，或者有坠饰的“V”字形项链，或者珠子是从大到小排列的项链，这些项饰能在视觉上形成纵向的下垂感，拉长颈部线条，达到视觉上的平衡，并弥补体形上的不足。粗短的项链会加重脖子的粗短感，显得颈部不够挺拔。

"V"字形项坠
（粤豪珠宝　提供）

颈部过于细长的女性就刚好相反，应该选择短粗的项链、项圈，或者两三层叠戴的项饰，以增加层次感。那些过长或者过细、带挂坠的项链都会拉长颈部线条，强化不平衡的视觉感。

粗项链

大项链

（粤豪珠宝　提供）

2. 项饰与脸型

为了达到脸部长度增加、宽度减少的视觉效果，圆形脸的人应选择如水滴形等项坠，利用项链自然下垂的"V"字形装饰效果，拉长脸部线条。圆形脸的人不宜佩戴由圆珠串成的粗大项链和项圈。

"V"字形项链
（粤豪珠宝　提供）

方形脸的人应选择直向长于横向的、弧形有坠子的或长度到锁骨下方的项链。这样的项链能在胸前形成优美的弧形，起到平衡较宽下颚骨线条的作用。

弧形项链

（粤豪珠宝　提供）

长形脸的人比较适合佩戴具有圆形效果的项链，像传统的珍珠、宝石短项链，各种串珠项链，或者套式项链，这样会增加脸部的宽度感。

圆形效果的项链

（粤豪珠宝　提供）

瓜子脸的人的下巴比较尖，宜佩戴具有圆形效果的项链，这样可以在视觉上增加下巴的分量，显得更加和谐。

圆形效果的项链

（粤豪珠宝　提供）

菱形脸的人应避免佩戴像菱形、心形、倒三角形等形状的项坠，适合佩戴带有弧形曲线、形态圆滑的项链。

弧形的项链

（粤豪珠宝　提供）

鹅蛋脸的人适合佩戴任何形状的项链，可以根据自己脸部皮肤色调、脸型大小、穿着打扮的风格进行搭配。

小测试

一、判断题

1. 瓜子形脸的下巴比较尖，佩戴“V”字形的项链比较合适。 （　　）
2. 长形脸比较适合佩戴具有圆形效果的项链。 （　　）
3. 脖子粗短的女性应该选择细长的项链，或者有坠饰的“V”字形项坠。 （　　）

二、选择题

1. 项饰的起源很早，可以追溯至（　　）。

A. 明代　　B. 清代　　C. 原始社会　　D. 魏晋

2. 颈部过于细长的女性适合佩戴（　　）项链。

A. 细长　　B. “V”字形　　C. 粗短

3. 下面这些脸型适合哪些首饰？

( )
A
B
C
( )
A
B
C
( )
A
B
C

项目四　手　镯

手镯是最古老的首饰之一，早在原始社会便有手镯出现，从出土的文物来看，有动物的骨头、牙齿、石头、陶器等。这些手镯形状比较质朴，常见圆管、环状、两个半圆拼合状，考古学家和历史学家认为原始人佩戴手镯可能与图腾崇拜等活动有关。

石镯

贝壳、骨管手串

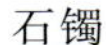

新石器时代出现了刻有简单花纹的、打磨光滑的玉手镯，从商周开始出现了金属手镯，唐宋后材质和工艺更加丰富，有金镶玉手镯、镶宝手镯，造型上出现了绞丝型、辫子型、竹子型等。

玉琮形手镯

1. 手镯的类型

手镯根据制作材料和工艺可分为三类：金属镯、镶嵌镯、玉镯。

金属镯：主要材料是金、银及其合金，先将金属压成细条状，雕刻或压出花纹，再弯曲做成手镯。工艺相对简单，不仅美观，还有一定的保值功能。

镶嵌镯：以金、银为托，镶嵌宝玉石、有机宝石等，做成闭口式。

玉镯：常见的有和田玉、翡翠、岫玉、玛瑙等。依据圈口形状不同，它可分为扁镯、圆镯和贵妃镯。圆镯是比较传统的款式，贵妃镯是扁圆款式，根据不同喜好可以选择不同的手镯。

黄金圆镯

黄金开口手镯

K 金开口手镯

（粤豪珠宝　提供）

2. 手镯的佩戴

手镯的佩戴一般对手腕和手臂没有什么特别的要求。手镯佩戴的数量没有严格的限制，可以戴一只或者多只。如果仅戴一只，则应戴在左手上；如果戴两只，可以一只手戴一只或都戴在左手上；如果戴三只则应该都戴在左手上。

手镯内径尺寸的测量方法有以下两种。

方法一：测量手掌虎口位置的宽度，并参照《手镯尺寸对照表》找出相应的手镯尺寸。

方法二：把手掌缩紧，测量手掌最宽处的周长，一般用软尺测量，再参照《手镯尺寸对照表》找出相应的手镯尺寸。

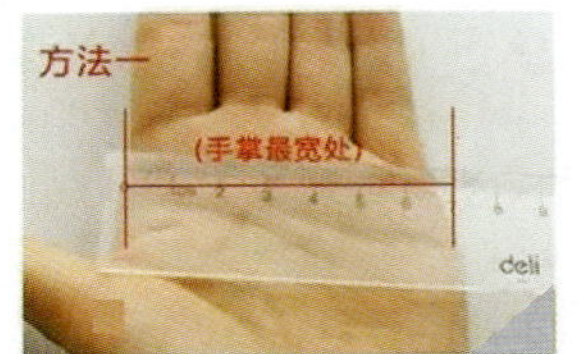

使用直尺（软尺）量取手掌宽处（大拇指除外）的宽度

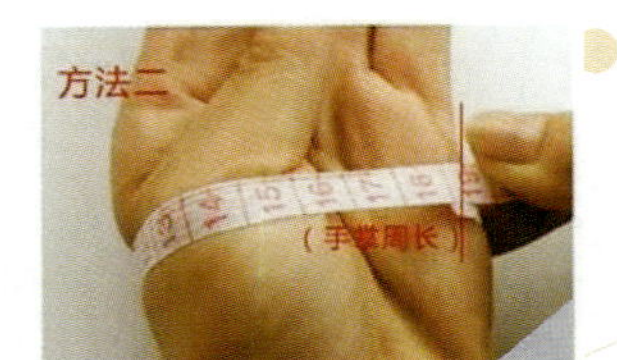

将拇指并入手心，用软尺绕手部最胖处一周，测得的结果即为手掌最小周长

手镯内径尺寸测量方法

手镯尺寸对照表

手掌最宽处/mm	圆镯尺寸/mm	贵妃镯尺寸/mm	手掌最小周长/cm
62～66	内径 50～52	内径 51～54	周长 16～17
66～70	内径 52～54	内径 53～56	周长 17～18
70～74	内径 54～56	内径 55～58	周长 18～19
74～78	内径 56～58	内径 57～60	周长 19～20
78～82	内径 58～60	内径 59～62	周长 20～21
82 以上	内径 60 以上	内径 62 以上	周长 21 以上

一、判断题

1. 手镯是最古老的首饰之一，早在原始社会便出现了。（　）

2. 在原始社会，骨头、牙齿、石头、陶器是不能用作首饰的。（　）

二、选择题

贵妃镯是（　）款式的。

A. 正圆　　B. 扁圆　　C. 方形　　D. 圆弧形

模块五　首饰材质选择与保养

本模块主要介绍常见的首饰材料及其保养的方法，包括贵金属、常见宝玉石和常见有机宝石等。不同首饰材料的物理化学性质不同，在日常佩戴中的保养方法也有一些差异。通过了解这些差异，我们能更好地维护和保养首饰。

项目一　贵金属

一、黄金

黄金(gold)，化学符号 Au，是一种金黄色的贵金属，延展性好，纯黄金比较软。其名字来自罗马神话故事中的黎明女神欧若拉(Aurora)，意为闪耀的黎明。远古人崇拜太阳，由于黄金和太阳颜色接近，因此黄金在远古人心中具有十分重要的地位。

黄金手镯

黄金发冠

(粤豪珠宝　提供)

(一)物理性质

黄金为金黄色，硬度较低，与人指甲的硬度接近，莫氏硬度为 2.5。密度 $19.32g/cm^3$，熔点 1 064.43℃，导热性、导电性好，延展性非常强。据相关实验数据，1g 的纯黄金可拉成长度为 3500m、直径为 0.004 3mm 的金丝，比头发丝还要细。

(二)化学性质

黄金的化学元素符号为Au,化学性质稳定,抗氧化、抗腐蚀,不溶于强酸、强碱,可溶于浓硝酸和浓盐酸的混合物"王水",与水银反应颜色会变白。

(三)黄金饰品的分类

金制品的纯度一般用K数表示,来源于希腊语Keration,以含金量1000‰的金为24K。纯金是理论意义上的,目前技术还无法达到。《首饰　贵金属纯度的规定及命名方法》(GB 11887—2012)规定,每K含金量为4.166 667%。

9K=100÷24×9=37.5%　　14K=100÷24×14=58.333%

18K=100÷24×18=75%　　22K=100÷24×22=91.666%

足金:金含量不低于99.0%,为深黄色,印记为足金、990金。

千足金:金含量不低于99.9%,又称千足金,在首饰上的印记为"千足金""999金"。

3D硬金:纯度99.9%,也就是千足金,但是和普通千足金有区别。3D硬金采用新的加工工艺,通过改变金属结构提升硬度和抗磨性,改变了黄金硬度低、容易变形的特点,在造型上大多是三维立体的,我们就称它为3D硬金。

足金吊坠

足金吊坠

足金手链

(粤豪珠宝　提供)

18K金是指用75%的黄金和25%的银、铜等金属(补口)配比而成的黄金,在首饰上的印记为"金750""G18K""Au750"。18K金具有硬度高、颜色丰富、款式多、镶嵌牢固的特点,常被用来镶嵌宝玉石。在18K金中加入不同的金属,成品会呈现出不同的颜色。

铜——颜色呈粉红色(玫瑰金)

铁——颜色呈蓝色

铝——颜色呈紫色

锌——颜色呈淡紫色

镉和银——颜色呈绿色

黄色、白色、红色K金手镯
（粤豪珠宝　提供）

知识链接

由于18K金并不是纯黄金或纯铂，而是在K黄金或K白金的基础上电镀了一层铑，使其外形更美观。随着时间的推移，由于首饰佩戴过程中会碰到硬物或遭到其他东西刻划，彩金表面镀层的颜色脱落，就会漏出黄金本来的颜色，也就是经常说到的变黄或褪色。此外，玫瑰金容易被氧化，要特别注意。

黄金饰品保养方法：

(1)金饰品与生活中常见的香水、化妆品、消毒剂、漂白水、海水等都有可能会发生化学反应而变色，因此在游泳、做卫生等的时候要记得取下饰品。

(2)如果因为灰尘等污渍导致饰品光泽变暗，可用稀释的肥皂水进行清洗，再用软布擦干。

(3)避免与其他不同品种首饰混在一起摆放，特别是钻石、红蓝宝石等硬度大的宝石，很容易将金饰品磨花，应放在盒子里单独存放。

(4)如果金饰品表面氧化变色，可用盐、小苏打、漂白粉混合的水进行清洗，并用软布擦干。

二、铂

铂是一种白色贵金属，储存量比较低，因此比较稀有。1t的原矿经过150多道工序只能提炼出制作一枚戒指所需的铂。

1. 铂的物理和化学性质

铂的密度为21.45g/cm^3，莫氏硬度为4～4.5，熔点为1769℃，具银白色金属光泽，颜色介于银与镍之间，色泽鲜明，有良好的导电性、导热性，延展性良好。铂化学性质稳定，不溶于强酸强碱，但是会溶于“王水”。市场上的铂首饰由铂加上铂族金属加工制成，经常佩戴也不会褪色。

2. 铂首饰

国际铂协会规定，铂含量在850‰以上的首饰才能称为铂首饰，铂用PT标志，铂首饰通常带有Pt850、Pt900、Pt950或Pt990的纯度标识。因而，铂首饰不存在所谓18K或750(即纯度750‰)。

足铂：铂含量千分数不低于990‰，打“足铂”或“Pt990”印记。

950铂：铂含量千分数不低于950‰，打“铂950”或“Pt950”印记。

900铂：铂含量千分数不低于900‰，打“铂900”或“Pt900”印记。

850铂：铂含量千分数不低于850‰，打“铂850”或“Pt850”印记。

铂非常适合镶嵌钻石，在首饰界，很多婚戒也是用铂做底座，世界闻名的希望钻石就镶嵌在铂底座上。

铂手镯

(粤豪珠宝　提供)

讨论：铂金和白色K金有什么相同点和不同点？

(三)铂首饰的保养

(1)在进行日常劳作时不要佩戴铂首饰，以免划伤。铂首饰要与其他硬度高的宝石分开存放，以免磨损产生划痕。

(2)经常佩戴的铂首饰应每隔半年清洁一次。可先浸泡在专业的清洗剂或者温和的肥皂水中，再用软布擦拭干净。

(3)如果长期佩戴后出现了一些划痕和磨损，可以拿到首饰店进行保养和抛光。

三、银饰

银的使用历史比较悠久。早在5000年前，人们就开始使用银这种贵金属。在历史上，银不仅是首饰，还是流通货币。在英文中，silver意为白色光辉，银的化学元素符号Ag来自拉丁文argentum。

1. 银的物理性质

银的颜色为白色，质地比较柔软，莫氏硬度为2.7，比黄金稍高，延展性好，可以拉成直径为0.001mm的银丝。

2. 白银的化学性质

银的化学性质比较稳定，但它在贵金属中是最活泼的。它可溶于硝酸、浓硫酸，微溶于盐酸；银与空气中的硫化物接触时，会生成黑色的硫化银。

3. 银首饰

银的光泽度强，色彩柔和，深受到人们的喜爱。在中国传统文化中，银饰有辟邪祈福的内涵，人们常常将银饰送给儿童来求得健康吉祥的寓意。

银手镯　　银吊坠　　银手链

（粤豪珠宝　提供）

4. 银首饰材料的分类

纯银：又称足银，含银量不低于990‰，一般用于制作银币、银摆件等，因为足银比较软，不适用于宝玉石镶嵌。在足银中加入少量其他金属，如铜，可改变银的颜色，这种银称为色银。

925银：含银量不低于925‰，又称纹银，印记为"银925""S925"。为了提升银的硬度，一般加入铜、镍等其他金属，可以用于宝玉石镶嵌。925银是目前市场上的主流首饰材料，不仅性能好，而且光泽度也强，可以制作首饰也可以制作器皿。

银在空气中不会氧化，但是会因与空气中的硫化氢发生化学反应而发黑。我们一般说的银氧化变黑其实是银的硫化，所以银接触蛋类、橡胶等含硫物品也会变黑。可专门加入抗硫化的材料以缓解银硫化变黑，也可以在银的表面镀铑来延缓银氧化变黑。

素银：指的是饰品表面没有镀其他金属，在空气中比较容易被氧化。

氧化变黑后的银手镯

泰银：最初是泰国特产的一种银料，银含量也是925‰，但是为了追求做旧、仿古效果，表面光泽度较低，相较于镀铑的银饰，价格要低些。

藏银：传统藏银的含银量为30%。现在市场上大部分藏银的含银量很低，有的几乎没有银，用白铜（铜镍合金）制成。首饰款式采用传统的样式和工艺，比较有特色。

5. 白银饰品保养

（1）银饰取下后要清洁后再用密闭口袋装好，防止氧化变黑。表面电镀白金的银饰要用专用的擦银布擦拭，需要注意的是，擦银布含有保养成分，不可水洗。

（2）无电镀白金的银饰，可以用牙膏加水，软布搓洗，缝隙可用细软毛牙刷干净，再用清水冲净即可。镶嵌有宝玉石的银饰尽量不要沾水，最好由专业人员清洗，以免影响牢固性。

（3）氧化变黑的银饰可使用专用的拭银乳，再用拭银布擦拭，即可恢复饰品的光亮。银饰要保存好，尽量不要存放在含硫的环境中。

银项链

（粤豪珠宝　提供）

四、钯

1. 钯的基本性质

钯的物理化学性质稳定，外观与铂相似，呈白色，光泽度强，耐高温，莫氏硬度4～4.5，比铂、黄金要硬，密度为12g/cm^3，轻于铂，延展性强，可溶于有机酸、硫酸、盐酸、硝酸。

钯首饰比较耐磨损、耐腐蚀，纯度高，比较稀有。单独做首饰或者用来镶嵌宝玉石都是理想的材料。钯颜色白、光泽好，而且做成的首饰不会造成皮肤的过敏现象。

2. 钯首饰的保养

（1）不佩戴时应单独存放，以免被高硬度的宝玉石磨花。

（2）定期清洁和保养，如果长期佩戴后出现了划痕，应选择专业人士进行抛光修复。

（3）避免接触化学物品和漂白水等物品。

一、判断题

1. K金是黄金的一种，颜色比较丰富，市场上常见的有白色、黄色、红色。 （　　）

2. 铂的价格一直远远高于黄金，因为它光泽度更强，更耐磨损。 （　　）

3. 银是贵金属，化学性质非常稳定，不容易氧化变黑。 （　　）

4. 素银、泰银、藏银的含银量都非常低，在市场上都不值钱。 （　　）

二、选择题

1. 市场上最常见的镶嵌宝石的贵金属是（　　）。

A. 足金　　B. 18K金　　C. 铂　　D. 钯

2. 下列贵金属首饰不能是白色的是（　　）。

A. 足金　　B. 18K金　　C. 铂　　D. 钯

项目二　常见玉石

相关背景介绍

古人爱玉，将玉比喻为君子的品德和女子的美好，如“谦谦君子，温润如玉”“君子无故玉不去身”“金枝玉叶”“如花似玉”“亭亭玉立”等。人们将玉石的温润含蓄与人的性格、品行联系在一起，佩戴玉石的人清丽脱俗、温厚稳重，与玉石相融相通。在长期作用下，人体皮肤中的油脂渗入玉石，经氧化作用，玉石表面形成一层包浆，玉石会显得越发好看，便有了“人养玉、玉养人”的说法。

任务一　了解翡翠

翡翠色彩艳丽，质地晶莹细腻，原本是古代对一种鸟的称呼。这种鸟的羽毛有红色、蓝色、绿色等颜色，红色羽毛的称为“翡”，绿色羽毛的称为”翠”。翡翠富有深厚的文化内涵，被誉为“玉石之王”，极具观赏性和收藏价值，深受海内外华人的喜爱。

一、市场上常见的翡翠

在中国传统文化中，民间传说、神话故事、宗教信仰等题材和元素常常被融入首饰设计中，玉石类中尤其明显。翡翠饰品常融入了人们对美好生活的希冀，如吉祥如意、幸福安康、多子多福、消灾辟邪等。在市场上最常见的题材和元素有以下几种。

观音：观音性情温和，人们希望可以为佩戴者祛除暴戾、消灾解难、趋吉避害。民间风俗是男戴观音女戴佛。

佛：人们戴佛是希望佛可以保佑自己，从而趋吉避害。佛的谐音是"福"，寓意着代代有福，而且佛的造型通常是笑哈哈的，没有烦恼。人们相信佛能保佑自己健康幸福，同时庇佑家人和子孙。除此之外，佛的大肚子形象象征着大气量，寓意大肚能容、豁达乐观。

平安扣：又称怀古、罗汉眼，可辟邪去灾、保平安。平安扣造型起源于古时的玉璧。玉璧最初是用于祭天的礼器，后来慢慢发展成为装饰品，因此有向天祈福的内涵。

手镯：手镯是戴在手腕上的环形饰品，常见以下三种。

(1)福镯。又称圆条镯。内圈圆，外圈圆，横截面是圆形，经典、庄重、大气、温婉。福镯圆润饱满，外圆、内圆、环圆可谓是三圆合一，象征着事业、家族和生活都圆圆满满。

(2)贵妃镯。内外圈扁圆，横截面是弓形或圆形，是对椭圆形手镯的美称，形状与手腕形状相吻合，佩戴起来更舒服。

(3)平安镯。也叫扁口镯。内圈圆，外圈圆，横截面为弓形或半圆形不等，内圈磨平，市场上 90%以上镯子的都是平安镯。

二、翡翠的挑选及行话

颜色：除绿色外，翡翠还有无色、黄色、红色、紫色、黑色等。在评价翡翠时，颜色是一个重要的评价因素。在单色翡翠中，颜色鲜艳的帝王绿、浓艳的紫色、鲜艳的红色都是高档品种，其中最贵的是绿色。翡翠的绿色以浓、阳、俏、正、和为好。绿色品种以宝石绿、玻璃绿、艳绿与秧苗绿为最佳，其他还有灰绿、蛤蟆绿、油青绿、墨绿、蓝绿、瓜皮绿、菠菜绿、蓝水绿、豆绿、鹦鹉绿、葱心绿、黄阳绿。

水头：翡翠的透明度。水头越足，即透明度越好，品质就越好，价格也就越贵。翡翠的透明度不仅与翡翠的品质有关，也与翡翠的厚薄有关。需要注意的是，珠宝市场有用玛瑙、石英质玉石等着色来仿冒翡翠的。

地子：翡翠的地子要细腻均匀、干净，与整体协调一致，才是品质好的。翡翠地子以玻璃地与蛋清地为最佳。

三、翡翠的保养

翡翠首饰的保养要点如下。

(1)避免暴晒和高温：翡翠容易失水变干，这对其光泽度会有一定影响，而且一旦翡翠失水就很难恢复。

(2)避免接触油烟、化妆品、消毒水等化学物品：油烟会影响翡翠的光泽度，化学物品则会腐蚀翡翠表面。如果不小心接触了这些东西，可先用中性洗涤剂清洗，再用软布擦干。

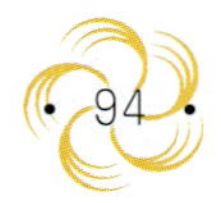

(3)避免撞击、摩擦、摔打：翡翠饰品雕刻后有的部位比较薄，撞击后很容易产生裂纹甚至破裂，带来无法挽回的损坏，所以要特别注意。

翡翠豆角

翡翠福瓜

翡翠观音

（粤豪珠宝　提供）

小活动

讨论：古人喜欢的玉石品种有哪些？在“谦谦君子，温润如玉”中的“玉”指的是哪一种材质？

任务二　了解和田玉

一、概述

和田玉色如凝脂、温润内敛，与中国传统女性温柔坚强的寓意相融相合。软玉在世界上的产地较多，但是最优质的产于中国新疆和田地区，所以又称和田玉。在中国，和田玉历史悠久，最早可以追溯到新石器时代。良渚文化、河姆渡遗址出土了大量的和田玉饰品、礼仪和丧葬用品、器皿等(白峰等，2015)。

和田玉的介绍

颜色	特征描述	图例
白玉	呈白色的软玉，其中以呈羊脂白色(状如凝脂者)为最好，为和田玉独有。羊脂白玉数量甚少，价值很高。和田白玉多数为一般白玉，但白玉要白而温润，如果白而不润，便是死白，不是上等好玉	

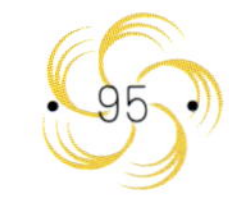

续表

颜色	特征描述	图例
青白玉	介于白玉与青玉之间，似白非白，似青非青的软玉。古人即用此名	
青玉	传统的青玉为深绿带灰色或绿带黑色，是软玉中最硬的，但颜色不如白玉美，价值较白玉低	
碧玉	呈绿至暗绿色的软玉，有时可见黑色斑点，其绿有鹦哥绿、松花绿、白果绿等。上好的碧玉色如翡翠，古代妇女常以碧玉作头饰，“碧玉簪”的故事就是一例	
黄玉	淡黄、甘黄至黄闪绿色的软玉，又称蜜蜡黄、栗色黄、秋葵黄、黄花黄、鸡蛋黄、米色黄、黄杨黄等，罕见者为蒸粟黄、蜜蜡黄。黄玉的颜色一般比较淡，黄色鲜艳，浓艳的黄玉极为罕见，优质黄玉不次于羊脂白玉，但并非宝石中的“黄玉”或“黄晶”	
墨玉	由灰色到黑色，由石墨致色，黑色部分不低于30%，光泽比其他玉石暗淡。其黑色分布或为点状，或为云雾状，或为纯黑，其名称有乌云片、淡墨光、金貂须、夫人鬓、纯漆黑等，会杂有青色，甚至白色，其中墨玉的黑色是由微鳞片状石墨引起的	
糖玉	呈血红、红糖红、紫红、褐红色的软玉，其中以血红色糖玉为最佳，多在白玉和青玉中居从属地位	

续表

颜色	特征描述	图例
翠青玉	部分或整体颜色色调呈浅绿色—翠绿色，绿色部分的百分比不低于5%，常见绿—白、绿—白—烟青等颜色组合	

和田玉的产地除中国新疆外，还有中国青海、俄罗斯、韩国、加拿大等。不同产地的和田玉品质不同，有好有差。新疆出产的和田玉不一定全部是最高品质的，中国青海、俄罗斯产的也有品相很好的，即使是同一产地的品质也各有优劣。在和田玉市场上，在品质相近的情况下，中国新疆料好过俄罗斯料，俄罗斯料好过中国青海料，中国青海料好过韩国料。

二、和田玉的保养

(1)和田玉要避免暴晒和高温，因为这种环境容易失水，影响光泽。

(2)避免灰尘和汗渍，如果表面弄脏了，可用温水或专业清洁剂进行清洗，用软毛刷子清洁，注意不能浸泡，也不能用超声波进行清洗。

(3)避免碰撞，和田玉韧性好，但是受到撞击后也会出现肉眼无法看到的暗裂纹，会使和田玉的美感和价值大打折扣。

(4)可以用温水或清洁剂清洗，用软刷轻轻地刷洗首饰表面即可，但不可用清洁液浸泡，不宜放进超声波机中清洗。

一、判断题

1. 翡翠的价值取决于颜色、透明度、结构细腻程度、杂质、工艺、大小等。 (　　)
2. 翡翠的水头越足，透明度越好，品质也就越好，价格越贵。 (　　)
3. 良渚遗址、河姆渡遗址出土了大量的翡翠饰品。 (　　)

二、选择题

1. 下列绿色系列翡翠中，颜色最好的是(　　)。

A. 菠菜绿　　B. 帝王绿　　C. 油青　　D. 墨绿

2. 下列和田玉品种中最优质的是(　　)。

A. 青白玉　　B. 花玉　　C. 羊脂白玉　　D. 墨玉

项目三　常见宝石

任务一　了解钻石

一、钻石的来源

钻石英文为 diamond，出自希腊语 adamas，意思是坚硬、不可驯服。钻石号称“宝石之王”，是世界上公认的最珍贵宝石，也是最受人们喜爱的宝石之一。钻石最初在西方国家是权力和地位的象征，后来成为爱情和婚姻的代表。现在已成为百姓们都可拥有、佩戴的大众宝石。

“钻石恒久远，一颗永流传。”这句经典的广告语深入人心，改变了中国人婚庆佩戴黄金、翡翠首饰的传统局面，形成了中国新人们“无钻不婚”的全新理念，钻戒已成为现代人结婚的必需品。

希望蓝钻

库利南 1 号

常林钻石（我国现存最大的天然钻石）

经粗略统计，要得到 1ct 的钻石成品，需要在矿床中挖出 250t 矿石。开采出的矿石经过筛选后，需要对每一颗毛坯进行精细地分析和设计，保证其质量、净度和款式，以达到最大的经济价值，才能进行切割和打磨。这需要从业人员有丰富的经验，对钻石的物理和光学性质有充分了解。例如，世界上最大的钻石库利南，原石重 3106ct，3 个经验丰富的工匠经过 8 个月的设计和切磨才加工成了 9 颗大钻和 96 颗小钻。有些世界著名的钻石，甚至花费了工匠几年的时间进行设计和加工。

在市场上，大多数钻石的颜色呈从近无色到淡黄色，还有部分是彩色钻石，如黄色、绿色、蓝色、褐色、粉红色，还有橙色、红色、黑色、紫色等。这些彩色钻石属于钻石中的珍品，价

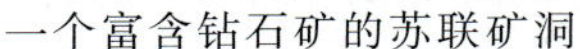
一个富含钻石矿的苏联矿洞

钻石原石

格昂贵，其中红钻最为名贵，黄色钻石在市场中较其他颜色钻石更为常见。大克拉的粉色、黄蓝色、绿色钻石在市场上十分稀少，偶尔可以在拍卖市场上看到。

二、钻石的分级

钻石的品质高低可以通过钻石的4C标准进行评价，钻石的4C评价标准包括质量、净度、颜色和切工。质量用克拉表示。净度是指钻石中瑕疵的位置和多少，净度级别高的瑕疵少。颜色是指钻石的颜色级别，颜色越白，光线越易于穿透，钻石会显得越亮。

不同颜色的钻石

切工精良的钻石才能充分展现钻石的火彩和闪烁。国家标准《钻石分级》(GB/T 16554—2017)将钻石的切工级别划分为极好、很好、好、一般、差五个等级。钻石的质量用克拉计算，0.5～1ct的高品质钻石才能保值。1ct等于100pt，0.5ct就是50pt。

优质切工　　普通切工　　差切工

讨论：有人买钻石会有这样的疑问，为什么 50pt 钻石比 40pt 钻石贵了近一倍？为什么 1ct 钻石比 50pt 钻石贵好几倍？

在市场上，最常见的钻石琢型是圆型。这种琢型能最好地体现钻石的亮度与火彩，是最受欢迎的琢型。除此之外，还有梨型、公主方型、心型等。梨型也叫水滴型，这种琢型的钻石能使手指看起来更修长。公主方型钻石非常显大，比较受西方人的喜爱。心型钻石象征爱意，比较浪漫。

各种琢型的钻石

三、钻石的保养

（1）钻石饰品要和其他宝玉石材料分开存放。因为钻石是最坚硬的，容易将其他材料磨花和刮伤。

（2）定期清洁和保养钻石首饰。钻石有亲油疏水的属性，人体身上的油脂很容易在钻石表面堆集，雾蒙蒙的，影响钻石的光泽。定期清洗和保养能让钻石光泽始终闪烁迷人，还可以检查钻石是否松脱，防止钻石掉落。

（3）避免碰撞。钻石虽然是最硬的宝石，但是在撞击下也会造成破损，严重影响钻石的价值和美观度。

讨论：钻石是硬度最大的宝石，能在其他矿物表面留下刻痕。它能抵抗日常生活中的各种撞击和敲打吗？

任务二 了解红宝石

红宝石颜色鲜艳，热情似火，人们总将它和爱情联系在一起，被称为“爱情之石”，寓意着爱情的美好、坚贞。红宝石的英文名为 ruby，是 7 月份的生辰石和结婚 40 周年纪念石。在《圣经》中，红宝石是所有宝石中最珍贵的。以前，人们认为它是不死鸟的化身，左手戴一枚红宝石戒指或左胸戴一枚红宝石胸针就能拥有化敌为友的魔力。

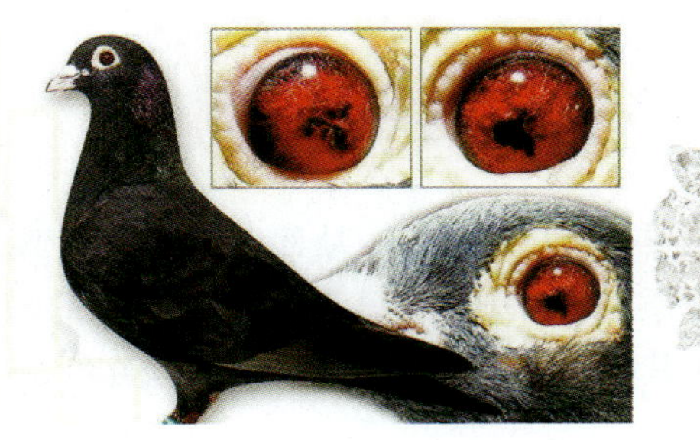

鸽血红红宝石

红宝石的硬度仅次于钻石，这也是它受人们喜爱的原因之一。1936 年，爱德华八世送给沃利斯夫人一条红宝石项链作为 40 岁的生日礼物，两人历经风雨和指责的爱情如同红宝石的色泽般耀眼瞩目。

红宝石形成条件比较苛刻，开采条件也非常艰苦，400t 的原石只能开采出 1ct 左右的红宝石毛坯料，1kg 毛坯料只能开采出 1ct 宝石级别的红宝石。

红宝石的品质分级不像钻石那么标准和严格，市场上主要根据颜色、透明度、净度、切工、质量来划分。颜色以鲜艳纯正的红色最好。鸽血红就是一种像鸽子眼睛的红色，鲜艳而纯正，没有其他杂色。很多红宝石颜色偏橙色或者紫色，有的明度不一样，如浅粉色和暗红色等，这些都会导致红宝石价值降低。

红宝石常见的琢型有椭圆型、圆型等，切工对红宝石来说也很重要。好的切工不仅使红宝石更加美观，还能增加红宝石的亮度，甚至能在表面产生闪烁等感觉，让红宝石熠熠生辉，更富有魅力。

由于大颗的红宝石比较少，所以红宝石质量对价格的影响最为显著，1ct 的红宝石就比较少了，3ct 的稀有，5ct 的在市场上很难找到。

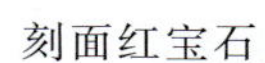

刻面红宝石

星光红宝石

任务三 了解蓝宝石

蓝宝石英文为 sapphire，来源于拉丁文 spphins，是蓝色的意思。蓝宝石与红宝石都属于刚玉族，其化学成分、物理化学性质都是一样的，只是宝石里含有的微量元素不同因而颜色不同。蓝宝石是除了红色以外的其他所有颜色的宝石级刚玉，黄色、蓝色、绿色、紫色及无色的都是蓝宝石。

蓝宝石资源更丰富，分布广泛，产量也比红宝石大，同品质价格低于红宝石。蓝宝石是9月份生辰石，象征忠诚、坚贞、慈爱和诚实，与红宝石有“姊妹宝石”之称。

不管是东方文化还是西方世界，蓝宝石一直被尊崇为“帝王之石”。

镶嵌有蓝宝石的发簪

蓝宝石的品种非常多，但是蓝色是主流。其中最为有名的是矢车菊蓝和皇家蓝两种。

矢车菊蓝是顶级克什米尔蓝宝石颜色的代名词。矢车菊蓝蓝宝石出产于克什米尔地区，颜色异常美丽，接近德国的国花矢车菊，有天鹅绒般的质感，柔顺丝滑，不仅颜色好看，而且品质上乘、产量稀少，价格昂贵。矢车菊蓝蓝宝石，一直被誉为蓝宝石中的极品，是极其珍贵的蓝宝石品种。

矢车菊蓝蓝宝石

皇家蓝蓝宝石

皇家蓝蓝宝石是蓝宝石中的贵族。与矢车菊蓝蓝宝石相比，皇家蓝蓝宝石要沉稳得多。皇家蓝蓝宝石低调内敛，骨子里却有着抹不去的高贵气质。它的颜色为鲜浓的蓝色带紫色色调，色浓郁深沉。其产量比矢车菊蓝蓝宝石的高，市场多见。

除此之外，粉橙色的蓝宝石也受到人们的关注。这种蓝宝石名叫帕帕拉恰，又名帕德玛蓝宝石。它独特的粉橙色如同佛教国家里的莲花，主要产自斯里兰卡，产量低，出口少，所以价格很高。目前，高品质的帕帕拉恰在蓝宝石中的价格是最高的。

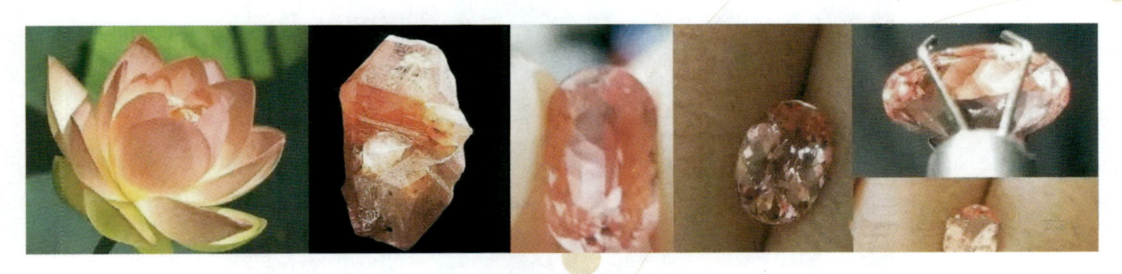

粉橙色莲花与帕帕拉恰

在市场上，蓝宝石的价格因品质差异很大，对价格影响最大的是颜色，其次是净度、切工、质量等。相比于红宝石，蓝宝石的净度普遍好些，但市场上大克拉的优质蓝宝石仍然少见。和红宝石一样，大多数商业级的蓝宝石都使用了热处理的方法来改善颜色，虽然颜色稳定而且被市场普遍接受，但其价格仍然远远低于未经热处理的蓝宝石。

各色蓝宝石

红、蓝宝石是刚玉族矿物，很多性质和钻石相似，保养方法和钻石也相似。

（1）红、蓝宝石饰品要与其他首饰分开存放。红、蓝宝石容易被钻石划伤，也容易磨花低硬度的宝石，因为它的硬度仅次于钻石。

（2）避免碰撞。因为红蓝宝石解理发育性强，碰撞后很容易碎裂。

（3）定期清洁和保养。红蓝宝石长期佩戴后容易被油脂污染，可以先用专业的清洁剂进行清洗，再用软布擦干。

任务四 碧 玺

碧玺被人们称为“落入人间的彩虹”，因为其颜色非常丰富，可以满足不同的搭配需求。因其色彩丰富和摩擦后能吸附灰尘的奇特现象，被人们赋予神奇色彩，寓意健康、平安、幸福。

各色碧玺

碧玺的主要产地有巴西、斯里兰卡、美国、俄罗斯、缅甸、肯尼亚等。世界上50%～70%的彩色碧玺产自巴西。

碧玺的品质与颜色、净度、切工和大小相关。颜色是评价碧玺最重要的因素，但是碧玺

颜色非常多，几乎所有颜色都有，并包括一些渐变色、过渡色等，市场上常见的是双色碧玺和多色碧玺，其中外绿里红的又称西瓜碧玺，非常特别。碧玺常见颜色有红色系（粉红色、桃红色、紫红色等）、绿色系（深绿色、蓝绿色、黄绿色等）、黄色系（柠檬黄色、橙黄色、棕黄色等）。其中最常见的就是红色的和绿色的，红色碧玺颜色接近红宝石，市场上比较受欢迎，因此，红色、玫红色和紫红色碧玺的价格较高，同品质的绿色碧玺的价格会低很多。

双色碧玺

碧玺中最名贵是帕拉伊巴（Paraiba），被称为碧玺之王。它于 1989 年在巴西发现，通常呈蓝色或蓝绿色，因含铜离子而致色。这种碧玺产量非常少，价格在近 20 多年里翻了几百倍。如今，优质的帕拉伊巴碧玺每克拉单价在 2 万美元左右，顶级的价格甚至超过 6 万美元/ct。

帕拉伊巴碧玺

双色碧玺

大多数碧玺里都有小裂纹或者气液包裹体，内部洁净且没有瑕疵的非常少。透明度好、杂质少的一般加工成刻面型，用于镶嵌戒指、吊坠等；透明度差、裂隙多、包裹体多的加工成弧面型或者珠型，或者雕刻出各种纹样造型。因为碧玺的脆性大，有些商家会对低品质的碧玺进行注胶处理，提升耐久性。这些胶对人体危害小，日常佩戴没有问题，但如果要用于收藏，就要选择高品质的。

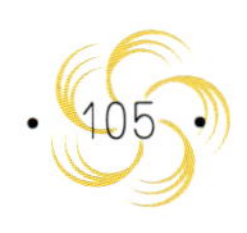

高品质碧玺

裂隙多、注胶染色碧玺

碧玺的脆性高，佩戴时应避免与硬物碰撞，否则易产生裂缝。如果沾上油污、汗渍等，不能用超声波震荡机清洗，以免破裂或产生裂隙，可用清水浸泡，然后用软布擦拭。

小测试

一、判断题

1. 钻石号称“宝石之王”，是世界上公认的最珍贵的宝石。 （ ）

2. 市场上大多数钻石的颜色是从近无色到淡黄色。 （ ）

3. 蓝宝石是除了红色外的其他所有颜色的宝石级刚玉，黄色、蓝色、绿色、紫色及无色的都是蓝宝石。 （ ）

二、选择题

1. 碧玺中最名贵是（ ）。

A. 绿色 B. 帕拉伊巴 C. 红色 D. 蓝色

2. 下列蓝宝石品种中最顶级的品质是（ ）。

A. 矢车菊蓝蓝宝石 B. 皇家蓝蓝宝石 C. 黄色蓝宝石 D. 紫色蓝宝石

项目四 常见有机宝石

任务一 珍 珠

珍珠的英文名称为 pearl，是由拉丁文 pernulo 演化而来的，被称为大海之子。珍珠的使用历史有 7000 多年，早在原始社会，珍珠就被在海边觅食的人类发现，因为美丽的光晕和瑰丽的色彩而被视作珍宝。早从那时起，珍珠就成了人们喜爱的饰物，并流传至今。

各色的珍珠

古人很早就开始了大规模的珍珠采集，最有名的产地是中国的南海、西亚的海湾地区和印度的马纳尔湾。由于古时天然珍珠比较稀有，且采集过程比较危险，因此，珍珠在古时是极其珍贵的，大多为皇室贵族所有。

明代凤冠

知识链接

中国是世界上最早使用珍珠的国家之一。早在四千多年前，《尚书禹贡》中就有河蚌产珠的记载，《诗经》《山海经》《周易》等古籍中也有珍珠相关内容的记载。珍珠是6月份的生辰石和结婚30周年的纪念石。珍珠象征着富有、美满、幸福和高贵。

慈禧太后

伊丽莎白一世

根据生长方式的不同，珍珠分为天然珍珠和养殖珍珠。市场上90%以上的珍珠都是养殖珍珠，天然珍珠很少见。根据生长水域，珍珠又分为海水珍珠和淡水珍珠。其中，海水珍珠又分为南洋珍珠、大溪地珍珠、中国海水珍珠和日本海水珍珠，世界上95%的海水珍珠产自中国。

珍珠的质量因素包括颜色、大小、形状(圆度)、光泽、表面光洁度、珠厚度六个方面。

珍珠的颜色组成为体色、伴色和晕彩。体色是珍珠最基本的颜色，也是最主体的颜色，伴色是体色之外呈现的相伴色，漂浮在珍珠表面，有一种或者多种，与珍珠体色叠加，更好看。晕彩是由珍珠层衍射、折射形成的浮在表面的彩虹色，就好像肥皂泡泡，但不是所有珍珠都有晕彩，例如Akoya珍珠的晕彩较弱，而大溪地黑珍珠的晕彩却很强。其主要颜色有白色系列(纯白色、奶白色、银白色等)、红色系列(粉红色、浅玫瑰色、浅紫红色等)、黄色系列(金黄色、米黄色等)、黑色系列(黑色、绿黑色、蓝黑色、灰黑色、紫黑色等)和其他色系列(紫色、绿色、古铜色等)。

珍珠的大小一般以珍珠的直径为评价标准，对价格影响很大。珍珠的直径越大，形成越困难。直径越大，珍珠的价格越贵。

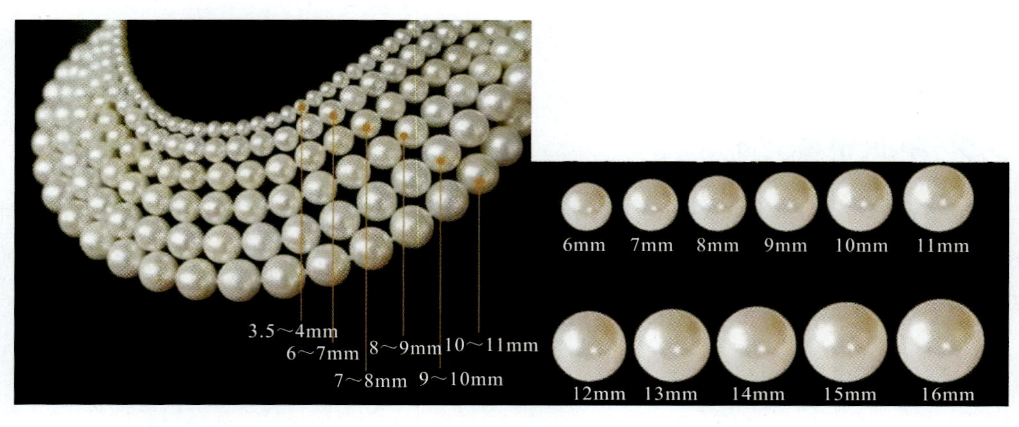

“一分圆一分钱”“珠圆玉润”，珍珠越圆越美——这很符合中国人的审美习惯。个头大、圆度好的珍珠，就好像天上的明月一样，充满美感。以珍珠最长直径和最短直径差的百分比（以下简称直径差比）≤1%为正圆标准，1%＜直径差比≤5%为圆的标准，直径差比在5%和10%之间的为近圆。不过大多时候还是用肉眼辨别珍珠的圆度。珍珠的圆度分为正圆、圆、近圆、椭圆、扁平、异形等。

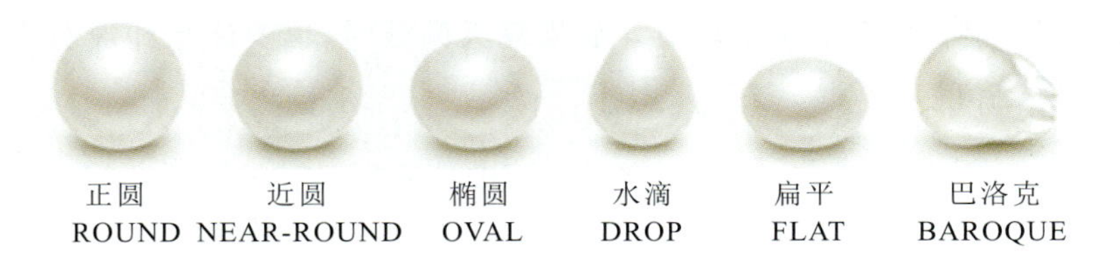

珍珠光泽越强，品质越好。光泽分为极强（反射光很强，反射映像很清楚，就像金属球一样能看到影像）、强（反射光强，表面能明显见物体影像）、中（反射光强，表面能照见影像模糊的物体）、弱（反射光为漫反射光，表面光泽较弱，几乎无影像）。珍珠表面的珍珠层越厚，光泽越强，一般厚度大于0.5mm就是比较厚的（谢意红，2004）。

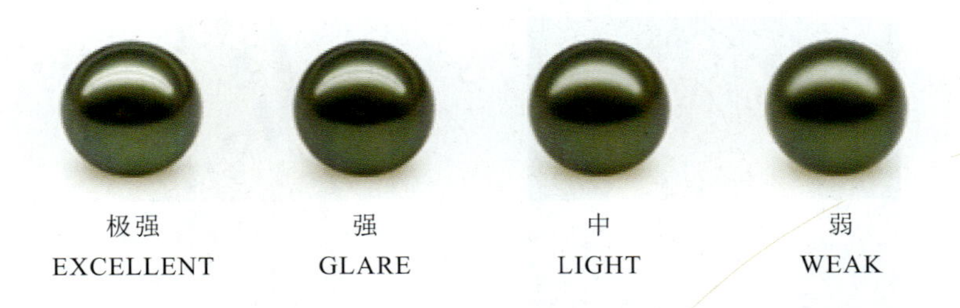

珍珠的表面光洁度也会影响珍珠价值。在珍珠生长的过程中，表面常常有斑点、凹坑、砂眼、螺纹、褶皱等，这些都会影响到光洁度。根据这些瑕疵的位置、大小、数量，将光洁度分为五个级别：无瑕A（肉眼观察表面光滑细腻，极难观察到表面有瑕疵）、微瑕B（表面有非常少的瑕疵，似针点状，肉眼较难观察到）、小瑕C（有较小的瑕疵，肉眼易观察到）、瑕疵D（瑕疵明显，占表面积的1/4以下）、重疵E（瑕疵很明显，严重的占据表面积的1/4以上）（谢意红，2004）。

珍珠是含有机质的碳酸钙，硬度低，容易磨损和划伤，不耐酸碱。如果保养不当，时间久了，就容易失去光泽。俗话说的“人老珠黄”，指的就是这些保存不当的珍珠。

有瑕疵的珍珠

(1)定期保养。成串的珍珠项链或手链,每隔几年需要重新穿线换线,保证牢固度。珍珠也要定期进行保养,以免存放不当影响美观。

(2)避免暴晒和高温。珍珠容易失水后变得干裂,表层受到破坏,失去光泽。

(3)单独保存。珍珠硬度较低,莫氏硬度只有3.5~4.5,容易被刮伤磨花,一旦表面损伤,很难再复原,所以不能和其他首饰放在一起保存。

(4)避免接触水、化妆品、清洁液、厨房油烟等。因为珍珠是由有机质组成的,主要的化学成分是碳酸钙,很容易发生化学反应。如果夏天佩戴时,也要注意汗液对它的影响,要更频繁地清洁和保养。

任务二　琥　珀

琥珀,是一种透明的有机宝石,大多是由白垩纪至新近纪松柏科植物的树脂化石形成的。有些琥珀里包裹有一些动物和植物,非常奇异。琥珀表面常可见树脂形成时因流动而产生的纹路,内部可见气泡及昆虫、动物或植物碎屑等。

琥珀

有植物碎屑的琥珀

在欧洲,琥珀文化历史悠久。早期,琥珀与祭祀和太阳崇拜有关,人们认为琥珀由海上的太阳凝固而成,充满了力量,被看作吉祥物,可以辟邪祈福,给人们带来好运,并象征着快乐和长寿。

琥珀的形成分为三个阶段:一是松柏树上分泌出树脂;二是树脂被深埋,并发生了石化作用,化学成分、结构和特征都发生变化;三是石化树脂经过冲刷、搬运、沉积和成岩作用形成了琥珀。

市场上的琥珀大多产于波罗的海沿岸和缅甸,也有的产自美国、加拿大、日本、罗马尼亚、意大利等国家。我国辽宁抚顺、河南、云南等地也有琥珀产出。

琥珀硬度低,密度小,透明至微透明,树脂光泽。按颜色分为血珀、金珀、绿珀、蓝珀;按透明度分琥珀和蜜蜡,其中透明的是琥珀,不透明的是蜜蜡。除此之外,市场上还有血珀、虫珀、根珀等,颜色不同,内含物也各有特色。

蜜蜡在中国非常受欢迎，常常有“千年琥珀，万年蜜蜡”的说法，但事实上琥珀和蜜蜡形成的时间差不多，但是两者的化学成分有所差异。人们把新开采的、颜色呈浅黄色和黄色的称为新蜜蜡，把新蜜蜡开采经抛光氧化后变成的深棕色称为老蜜蜡。

蜜蜡

血珀

血珀是棕红色或红色的琥珀，价值较高，在形成过程中经长时间氧化而成的红色，比较稀有，自古以来就受到追捧。金珀是黄色或金黄色的透明琥珀，价格也是居高不下。蓝珀本身体色不是蓝色的，是在自然光照射下呈现蓝或蓝绿荧光色，主要产自多米尼加、墨西哥和缅甸，其中多米尼加蓝珀因蓝色纯正鲜艳，价格最高。绿珀在市场上比较少见。虫珀是琥珀在形成过程中包裹了昆虫或其他生物，昆虫的清晰程度、尺寸、颜色决定其经济价值。除了动物，也有植物类的花、草、树、叶等包裹体。含有动物包裹体的琥珀极具收藏价值。水珀是指内含水滴的琥珀，也叫水胆琥珀。

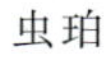

虫珀

蓝珀

琥珀产地对价格影响较大，中国抚顺琥珀价格高于波罗的海琥珀，多米尼加蓝珀高于缅甸琥珀。市场也有很多优化处理琥珀的方法，也有用松香和柯巴树脂假冒琥珀的，购买时应通过正规渠道并检查证书。

(1)单独存放。琥珀硬度较低，与金属、钻石、红蓝宝石等硬度高的材料放在一起容易被刮伤和磨花，所以要单独存放，以免受损。

(2)避免暴晒和高温。琥珀是有机质宝石，高温会使琥珀失水，光泽降低，甚至表面会发生破裂。

(3)避免与香水、油烟、清洁剂、消毒水接触。这些物品容易对琥珀造成一定损害，所以在日常生活中一定要注意。

(4)清洗琥珀时，可用温水清洁，再用软布擦干，加少量的橄榄油擦拭，使它恢复光泽。

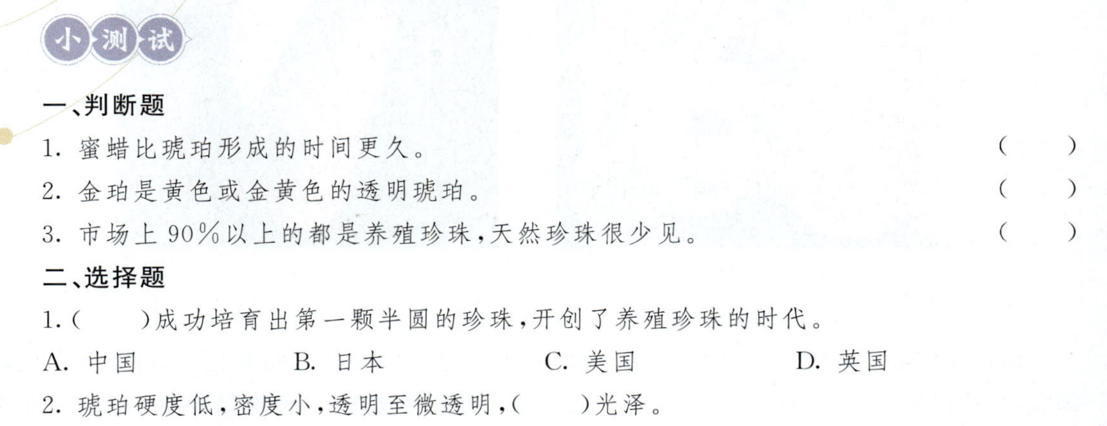

小测试

一、判断题

1. 蜜蜡比琥珀形成的时间更久。 (　　)
2. 金珀是黄色或金黄色的透明琥珀。 (　　)
3. 市场上90%以上的都是养殖珍珠，天然珍珠很少见。 (　　)

二、选择题

1.(　　)成功培育出第一颗半圆的珍珠，开创了养殖珍珠的时代。

A. 中国　　B. 日本　　C. 美国　　D. 英国

2. 琥珀硬度低，密度小，透明至微透明，(　　)光泽。

A. 金刚　　B. 树脂　　C. 金属　　D. 丝绢

主要参考文献

白峰,吴瑞华,2002.和田玉在中国古玉器中的地位[J].岩石矿物学杂志,21(z1):8-12.

陈玉洁,张硕,2012.浅述色彩在节目图形包装中的创作方法[C]//中国气象学会.中国气象学会气象影视与传媒委员会2012年学术交流会.太原:中国气象学会气象影视与传媒委员会:249-253.

冯信群,朱琼芬,2008.设计中的视错觉语言[J].设计艺术学研究,24(z2):197-199.

郭新,2009.珠宝首饰设计[M].上海:上海人民美术出版社.

黄武全,2013.巧用通感,感知色彩心理属性[J].美术教育研究(4):146.

黄元庆,2014.服装色彩学[M].6版.北京:中国纺织出版社.

黄元庆,黄蔚,2001.色彩构成[M].上海:中国纺织大学出版社.

吉晖,1999.珠宝首饰佩戴艺术[M].北京:中国工商联合出版社.

江文,2011.探索世界:揭秘古人类(彩图版)[M].太原:北岳文艺出版社.

金正昆,1994.装扮靓丽的你[M].北京:高等教育出版社.

珂兰,2015.手链诞生的传说[EB/OL].(2015-10-16)[2020-01-20].http://www.kela.cn/jew-3805.

刘昀,2009.人·空间·情感:以商业步行街外部空间设计为例[D].重庆:重庆大学.

全国首饰标准化技术委员会.首饰　贵金属纯度的规定及命名方法:GB 11887—2002[S].北京:中国标准出版社.

全国珠宝玉石标准化技术委员会.钻石分级:GB/T 16554—2017[S].北京:中国标准出版社.

王闻胜,2012.穿金戴银:金银首饰的投资·选购·佩戴·保养[M].昆明:云南科技出版社.

吴姗姗,2015.浅谈设计中的色彩艺术[J].未来英才(8):6.

西蔓色研中心,2004.中国人形象规律教程:女性个人服饰风格分册[M].北京:中国轻工业出版社.

谢意红,2019.优雅女神成长手册:珠颜饰语[M].北京:化学工业出版社.

徐耀华,2011.现代珠宝首饰情感化设计研究[D].武汉:武汉理工大学.

许淑晶,2010.爱珠宝:我的第一本珠宝首饰佩戴书[M].台北:布克文化出版事业部.

招金银楼1908,2013.首饰的由来[EB/OL].(2013-10-15)[2020-06-20].http://blog.sohu.com/s/MjI2MjY0NzUy/280175465.html.

祝国瑞,2004.地图学[M].武汉:武汉大学出版社.